Sitzungsberichte
der Akademie der Wissenschaften
der DDR
Mathematik Naturwissenschaften Technik

11N
1975

Neuere Entwicklungen in der chemischen Technologie

Dem Wirken Eberhard Leibnitz' gewidmet

AKADEMIE-VERLAG · BERLIN

Sitzungsberichte
der Akademie der Wissenschaften der DDR
Mathematik — Naturwissenschaften — Technik

Jahrgang 1975 · Nr. 11/N

Neuere Entwicklungen in der chemischen Technologie

Dem Wirken Eberhard Leibnitz' gewidmet

AKADEMIE-VERLAG BERLIN
1975

Vorträge auf dem Festkolloquium,
das die Akademie der Wissenschaften der DDR
am 13. März 1975 zu Ehren des 65. Geburtstages
des Ordentlichen Akademiemitgliedes
Eberhard Leibnitz veranstaltete.

Herausgegeben im Auftrage
des Präsidenten der Akademie
der Wissenschaften der DDR
von Vizepräsident Prof. Dr. Heinrich Scheel

Erschienen im Akademie-Verlag, 108 Berlin, Leipziger Straße 3—4

Lizenznummer: 202 · 100/299/75
Gesamtherstellung: VEB Druckhaus Köthen
Bestellnummer: 752 936 6 (2010/75/11/N) · LSV 1205
Printed in GDR
EVP: 5,—

Inhalt

Hermann Klare

Laudatio

Lieber Herr Leibnitz, meine Damen und Herren!

Sie sind mir hoffentlich nicht böse, wenn ich abweichend von der Normalmethode in dieser Laudatio Lebensdaten und Lebenswege nicht vollständig wiedergebe, da der zu „Lobende" diese ohnehin besser kennt als ich und weil darüber in den letzten Wochen — und wenn das nicht, dann aus Anlaß Ihres 60. Geburtstages, lieber und verehrter Herr Leibnitz — in der Fachliteratur und in der Tagespresse zu lesen war. Weil eine Laudatio ja immer auch ein Stück Wissenschaftsgeschichte ist und gerade dabei die „Kunst des Fortlassens" geübt werden soll, um nicht zu ermüden, hoffe ich, den richtigen Weg beschritten zu haben.

Lieber Herr Leibnitz, wir sind ja fast gleichen Jahrgangs, und es läßt sich nicht leugnen, daß die Bildung der Persönlichkeiten dieser Jahrgänge durch einige historische Ereignisse mit geprägt wurde; oder — wie sagte Tucholsky? „Über uns ist einiges hinweggebraust" — und das nicht im Sinne des Unberührtbleibens, sondern der recht derb Durchgerüttelten. Erinnern wir uns doch einmal:

Wir sind zuzeiten Kaiser Wilhelms II. noch in die Schule gekommen, und das „Heil Dir im Siegerkranz" mußten wir noch singen. Wir sind ja auch in zwei Städten geboren, die nicht weit voneinander entfernt lagen, Sie in Hannover, ich in Hameln. Als die revolutionäre Idee der Großen Sozialistischen Oktoberrevolution zur Tat wurde, waren wir 8 Jahre alt, was konnten wir damals davon verstehen? Und als im damaligen Deutschland „der Kaiser ging und die Generäle blieben", als die Weimarer Republik entstand und die Arbeiterklasse immer noch und immer wieder um ihre Existenz kämpfen mußte, da spürten wir — immer noch 13- bis 14jährige Knaben — am eigenen Leibe, was Inflation bedeutet; aber — ich glaube, Ihnen ging's nicht anders als mir — wir begriffen kaum, was da „gespielt" wurde. Und wenn heute bisweilen von den „goldenen zwanziger Jahren" gesprochen wird, dann wird es Ihnen als „jüngerer Zeitgenosse“ ebenso gehen wie mir: Das war gar nicht so golden damals, sondern eher recht bedrückend und schrecklich. Ich möchte hier nun keineswegs in eine Art Nostalgie verfallen, aber die Frage ist doch interessant, was hat uns geformt, die wir aus bürgerlichen Familien kommend, als Studenten und als Assistenten zum mindesten neutral — bestimmt aber nicht politisch engagiert — auf der „Höhe des Lebens“ (wie man so schön sagt) zum Sozialismus fanden.

Lieber Herr Leibnitz, Sie bekamen als Assistent von Professor Ubbelohde — dem Nachfolger Ihres 1933 durch den Faschismus vertriebenen Lehrers E. Terres — an der Technischen Hochschule Charlottenburg selbst die Diskriminierung des — fast sträubt sich die Zunge, das auszusprechen — „rassisch nicht einwandfreien“ Menschen mit voller Härte zu spüren, wurden als Assistent entlassen und mußten Ihre aussichtsreiche Hochschullaufbahn damit jäh abbrechen. Sie sind dann von 1937 bis 1945 fortgesetzt „in Ihrer Entwicklung und Existenz behindert worden“, wie H. Franck schreibt. Vorher hatten Sie aber — und da berühren sich unsere Entwicklungswege wieder — auf einem Gebiet (wie Herr Thiessen zu sagen pflegt) „Staub gewischt“, das mich mehr als 30 Jahre meines Lebens beschäftigte, die Faserstofforschung. Sie sind aber — etwas anders als ich — in weit mehr chemisch-technologischen Teildisziplinen tätig gewesen und haben dort deutliche Spuren hinterlassen, in der Kohlechemie, in der Petrolchemie — zu der Sie dann zurückfanden und die Ihnen eine Reihe bedeutender Arbeiten verdankt. Sie haben über Lackherstellung und -forschung gearbeitet, Sie haben sich mit Korrosionsschutz und Anstrichtechnik befaßt — kurz, Sie kamen damals auch schon mit den Hochpolymeren und mit der hochpolymeren Chemie in Kontakt, und von daher rührt wohl Ihre Liebe für die Plaste bzw. für die makromolekulare Chemie.

Nach der Zerschlagung des Faschismus kam es erst einmal darauf an, die Trümmer zu beseitigen und aus dem Schutt wieder Laboratorien, Produktionsstätten und damit Nützliches in einer für uns beginnenden fast neuen Welt aufzubauen. Sie gehörten — wie viele andere, die heute unter uns sind — zu denen, die unmittelbar nach dem Einzug der Roten Armee und mit Unterstützung der SMAD mit der Arbeit begannen, wobei Sie den Kunstharzen und -lacken zunächst treu blieben. 1946 ging dann Ihr langjähriger Wunsch in Erfüllung, Sie erhielten einen Lehrauftrag der Karl-Marx-Universität in Leipzig und wurden 1950 zum Professor berufen. 1948 trat in Ihr Leben eine Persönlichkeit, der Sie — ich weiß das von Ihnen selbst — wiederum vieles verdanken, unser Mitglied Heinrich Bertsch. Er dachte offenbar dasselbe über Sie, was Heinrich Franck 1952 über Sie einmal so formulierte: „Er ist einer der lebendigsten, aktivsten und interessantesten Chemiker, die mir in meinem Leben begegnet sind und hat insbesondere auf dem technologischen Gebiet ein großes Wissen. Da ich Herrn Professor Leibnitz noch als meinen Schüler aus der

Vorlesung über die Technologie chemischer Gasreaktionen an der TH Charlottenburg kenne, und er bei mir eine Weile Unterschlupf vor der nazistischen Verfolgung fand, so kann ich aus einer persönlichen Kenntnis heraus ihn aufs beste beurteilen."

Abgesehen davon, lieber Herr Leibnitz, daß wir Sie auch heute noch als lebendigen, aktiven und interessanten Chemiker kennen und schätzen, ist es für den Referenten immer schön, sich in seinem Urteil auf Autoritäten berufen zu können, wie Heinrich Franck zweifellos eine war und ist. Er hat aber doch eines vergessen: Ihre Gewandtheit der freien Rede, Ihre Eloquenz und Ihr schier unglaubliches Gedächtnis. Zwar verrate ich hier kein Geheimnis, daß Ihre Beredsamkeit auch bisweilen mit Ihnen durchgehen kann und — wer auch immer die Veranstaltung leitet, auf der Sie gerade sprechen — schaut dann besorgt auf die Uhr. Aber Sie haben stets etwas zu sagen, was fesselt, auch dann, wenn's lange währt.

Es war wohl wieder Heinrich Bertsch, der damalige Leiter der Hauptabteilung Chemie, der Sie 1950 mit dem Aufbau der Forschungsinstitute in Leipzig beauftragte, die zunächst auf eine vertiefte Erschließung der Braunkohlenprodukte für die volkseigene Wirtschaft vorgesehen waren. In dieses Jahr fällt, so glaube ich mich zu erinnern, auch unsere erste Begegnung — ebenfalls bei Heinrich Bertsch; ich wurde damals bisweilen in die zwar nicht sehr häufigen, aber darum um so ergiebigeren, nützlichen und sinnvollen Besprechungen der Hauptabteilung Chemie als Vertreter von Erich Correns aus Schwarza eingeladen. Ich erinnere mich auch noch, daß Sie mir in jenen Jahren einmal den fast völlig zerstörten Hauptbau des Institutes in der Permoserstraße zeigten und mir mit strahlendem Optimismus und in glühenden Farben schilderten, was dort in Kürze geforscht werden solle. Uns tropfte derweil der Regen auf den Hut, da im wesentlichen nur Wände standen, aber kein Dach vorhanden war. Wir haben uns dann in Leipzig noch manches liebe Mal getroffen, und wenn ich so zurückblicke, dann haben Sie sich (und ich wohl auch) eines erhalten, den Optimismus und den unerschütterlichen Glauben an unsere Aufgabe und an ihr Gelingen in dem sozialistischen Staat, den Sie, den wir mit vielen Tausenden anderen unter der Führung der Partei der Arbeiterklasse aufgebaut und mitgestalten konnten und an dessen Zukunft zu glauben uns vor 25 Jahren Sorgen, bisweilen sogar große Sorgen bereitete, an dessen Gedeihen wir aber niemals Zweifel hatten. Wir haben inzwischen graue Haare bekommen, sind das, was man „werktätige Rentner" nennt; über uns ist noch mehr hinweggebraust, auch die Sorgen sind uns geblieben, jedoch auch die Freude über das, was gelungen ist und was nun dasteht und zu sehen ist. Die Ruinen sind verschwunden; seit 1955, als sich Ihr Aufgabengebiet in Leipzig erweiterte, entstanden neben den alten rekonstruierten Gebäuden in der Permoserstraße neue Institutsbauten, und 1957/58 mit Gründung der Forschungsgemeinschaft der naturwissenschaftlichen, technischen und medizinischen Institute wurde die von Ihnen geleitete, nunmehr in Institut für Verfahrenstechnik der organischen Chemie umbenannte Einrichtung mit den übrigen Leipziger Instituten in die Akademie überführt, und Sie wurden etwa ein Jahr danach Mitglied des Vorstandes der Forschungsgemeinschaft. Sie haben, wie wir alle wissen, viele Jahre als Direktor unserer Leipziger Institute gewirkt. Inzwischen war aber noch einiges andere geschehen, das mit Ihrem Namen verbunden ist und das eine bleibende Leistung darstellt: Der Aufbau und die Organisation des Lehrbetriebes der Technischen Hochschule für Chemie „Carl Schorlemmer" in Leuna-Merseburg, der Sie als erster Rektor von 1955 bis 1958 vorstanden und der Sie heute noch als Ehrensenator angehören. Es geschah dann nicht ganz ohne Ihren Einfluß, daß ich etwa ab Februar 1956, damals noch in dem alten Gebäude in Halle, Vorlesungen hielt und Lehrbeauftragter an der Technischen Hochschule Merseburg wurde. Ich möchte sagen, wir beide hatten — natürlich neben dem großen Einfluß von Professor Grohn — auch einen Anteil daran, daß die Polymerwissenschaft in Merseburg als erster Hochschule der DDR eine Heim- und Pflegestätte fand, die zur Freude aller Polymerchemiker dann ausgebaut wurde und die sich einen Namen erwarb durch Lehrer und Schüler, die dort wirkten oder nach Abschluß ihrer Studienzeit in Praxis oder Forschung arbeiteten. Ich höre nun zu meinem Erstaunen, daß man die Absicht habe, die Lehre und Forschung auf dem Polymergebiet an der Technischen Hochschule Merseburg stark zu beschränken. Ich hoffe, daß das ein Gerücht ist, welches sich nicht bestätigen wird; denn wir begingen damit einen kaum reparablen Fehler, allein wenn wir bedenken, was unsere chemische Industrie an Polymeren jeder Art erzeugt und in Zukunft erzeugen wird. Man könnte gerade mir in dieser Beziehung natürlich eine egoistische Betrachtungsweise unterstellen, deshalb einige Kronzeugen für die These, daß Lehre und Forschung auf dem Gebiet der Polymerwissenschaft eher verstärkt als abgebaut werden muß.

Man lese die auch für Nichtpolymerchemiker hochinteressante Abhandlung von S. Ja. Frenkel[1], Leningrad, über „Polymere — Probleme, Perspektiven, Prognosen", in der mit erfreulicher Deutlichkeit gesagt wird, daß „die Einstellung zu den Polymeren nicht nur als die zu Materialien legitimiert" werden darf, da diese zu zwei Extremen führt: „Im ersten Falle wird die Physik der Polymeren bestenfalls zur physikalischen Materialkunde herabgesetzt und die Chemie zu einer Stätte der chemischen Technologie. Das andere Extrem läßt sich durch die Flucht in die Molekularbiologie charakterisieren; dabei fehlt der

[1] Physik heute und morgen (Prognosen der Wissenschaft) Id. Nauka, Leningrad 1973, S. 176—270, Red. V. M. Tuckevic.

Physik und der Chemie der Polymeren ebenfalls die Selbständigkeit, sie werden zu Dienerinnen der Molekulargenetik oder der Biophysik erklärt." Frenkel fährt dann fort und schreibt: „Versuche, an die *gemeinsamen* Probleme der Physik und der Chemie der Polymeren oder der Polymerwissenschaft, wie sich einer ihrer Begründer in der Sowjetunion Akademie-Mitglied V. A. Kargin auszudrücken pflegte, zu erinnern, stoßen auf heftige Ablehnung. Die Vertreter der molekularbiologischen Richtung behaupten meist, daß heutzutage die Polymerphysik und selbstverständlich auch die -chemie, da die Polymeren ja auch geschaffen werden müßten, die Probleme für sich nur auf dem Gebiete der Biologie schöpfen können. Die Verfechter der Verbraucher-Einstellung zu den Polymeren lediglich als zu Materialien behaupten gerne, daß es überhaupt keine gemeinsamen Probleme der Physik und der Chemie der Polymeren gibt und nicht geben kann. Es gibt lediglich konkrete, durch die Bedürfnisse der Technik diktierte Aufgaben; mit anderen Worten ausgedrückt, alles, was nicht sofortige oder in naher Zukunft absehbare Anwendung verheißt, ist bereits kein ‚Problem'." Frenkel hat dann in seiner Abhandlung die großen Zusammenhänge zwischen Physik und Chemie und zwischen Molekularbiologie und Hochpolymerwissenschaft dargestellt, auf die ich hier nicht näher eingehen will, die aber keinen Zweifel darüber lassen, daß hier noch ein großes und wissenschaftlich zum Teil noch gar nicht erschlossenes Gebiet vor uns liegt. Fast die gleichen Gedanken spricht übrigens der Nobelpreisträger für Chemie im Jahre 1974, P. A. Flory, der bekannte amerikanische Polymerwissenschaftler, aus; nachzulesen in der Angewandten Chemie. Beachtet man diese Gedanken und Überlegungen nicht, dann allerdings kann man zum Ergebnis kommen, man könnte Lehre und Forschung auf dem Polymergebiet abbauen; das wiederum spricht aber dafür, daß man nicht weiß, was im eigenen Lande und was in der Welt vorgeht.

Lieber Herr Leibnitz, verzeihen Sie mir, daß ich mich in Ihrer Laudatio so alteriere, aber ich glaube, wir beide (und viele unserer Kollegen, die Polymerwissenschaft betreiben) wissen, daß hier die alte Weisheit gilt: „principiis obsta!" Wehret den Anfängen! Und um nochmals mit Zahlen zu argumentieren: Im Dezemberheft 1974 der Chem. and Eng. News kann man auf Seite 15 nachlesen, daß mehr als 50% sämtlicher chemischer Produkte, die in den USA hergestellt werden, Kolloide oder Polymere sind oder polymere oberflächenaktive Substanzen enthalten, sei es für die Anwendung oder für die Produktion. Der Autor mahnt daher: „Wir haben uns blenden lassen durch den Erfolg der Polymerwissenschaft bei der Entwicklung großer und profitabler Industrien, ohne rechtzeitig oder gleichzeitig eine akademische Grundlage für die erforderliche Ausbildung und Weiterbildung von Wissenschaftlern und Ingenieuren zu schaffen, die den zukünftigen Anforderungen entsprechen." Wenn man das liest und beachtet, wieviel Möglichkeiten es in der UdSSR und den anderen sozialistischen Staaten sowie in den USA gibt, sich als Polymerwissenschaftler ausbilden zu lassen, dann sollten wir unsere beinahe *einzige* Stätte der Lehre nicht abbauen, sondern eher vergrößern. Ich sage das ex cathedra hier einmal als Präsident der Akademie der Wissenschaften der DDR, aber auch auf dem Festkolloquium zu Ehren eines Mannes, der Jahre seines Lebens und Wirkens den Plasten, Harzen und Lacken widmete und sicher ebenso alteriert ist wie ich, wenn er hört, für das alles und noch mehr brauche man keinen *speziell* ausgebildeten wissenschaftlichen Nachwuchs.

Doch nun zurück zum Geschehen, das uns hier in erster Linie interessiert, zu Ihrem Wirken, lieber Herr Leibnitz. 1959 bis 1960 führte uns zu gemeinsamer Arbeit im Vorstand der Forschungsgemeinschaft der naturwissenschaftlichen, technischen und medizinischen Institute der Akademie endgültig zusammen, und seitdem haben wir in eben dieser Akademie, im Präsidium und in anderen Gremien der AdW, im Forschungsrat, in vielen anderen Kommissionen, Arbeitsgruppen und Arbeitskreisen gemeinsam gewirkt und zusammengearbeitet, nunmehr 15 Jahre lang.

Lieber Herr Leibnitz, Sie haben mir — sei es in meiner Eigenschaft als Vorsitzender der Forschungsgemeinschaft, sei es als Präsident der Akademie — oft und bereitwillig mit klugen und guten Ratschlägen, mit Gutachten, Exposés, kurz mit Ihrem ganzen Wissen und mit dem Einsatz Ihrer ganzen Persönlichkeit viel geholfen. Ich möchte Ihnen heute dafür nochmals herzlich danken, so wie ich es bereits in meinem Geburtstagsbrief aufgeschrieben habe, den ich Ihnen leider nicht selbst geben konnte, weil ich plötzlich 10 000 km von hier entfernt zu tun bekam. Ich freue mich, daß ich Ihnen heute das sagen kann, was ich am 31. Januar nicht vermochte, daß Sie gesund bleiben mögen, daß wir Sie weiterhin als Berater brauchen werden, daß Sie als Präsident der Urania Freude haben mögen an dieser unerhört wichtigen, Wissen vermittelnden Arbeit, die Sie bereits Jahre vorher beschäftigte und die den Lehrer und Erzieher, der Sie ja auch immer waren, sicher ebenso anspricht wie die Vorlesungen, die Sie in Leipzig und in Merseburg über chemische Technologie gehalten haben.

Ich kann hier nicht aufhören, ohne noch zu sagen, daß die enge Zusammenarbeit von Akademie-Forschung und Industrie, daß das Problem der Überführung, vornehmlich der *schnellen* Überführung, wissenschaftlicher Ergebnisse in die Produktion immer Ihr besonderes Anliegen waren und es noch sind; deshalb haben Sie ja auch in den 50er Jahren Forschungsinstitute aufgebaut, die eng mit der Praxis zusammenarbeiteten, und fast immer, wenn es — mitunter im wahrsten Sinne des Wortes — in der Praxis „brannte“, wurde eine Kommission unter Leitung von E. Leibnitz gebildet, um die Ursachen zu ergründen und den Weg zu weisen, wie's weitergehen solle. Ich muß aber auch noch sagen, daß das „Journal für praktische Chemie" Ihnen viel verdankt, da es unter Ihrer Herausgeberschaft aus einer etwas bedeutungslosen, abseitigen Zeitschrift wieder in ein interessantes und viel gelesenes Journal umgewandelt wurde. Wir wollen auch nicht vergessen, daß Sie — wieder Ihrem Mentor H. Bertsch folgend — jahrelang das gar nicht sehr dankbare Geschäft der wissenschaftlichen Redaktion der Zentralblätter führten und dann — da es sich einfach überlebt hatte — das Chemische Zentralblatt auch noch liquidieren mußten. Und allen, die wir uns als junge Chemiker die laufende Information ohne das CZ gar nicht vorstellen konnten, hat das weh getan; aber bei Ihnen war wohl der Kummer über das Ende des CZ's am unmittelbarsten, wie immer dann, wenn durch Einsicht in die Notwendigkeit abgebrochen werden muß, was sich nicht mehr halten läßt, obwohl die Arbeit bedeutender Wissenschaftler, eine Tradition und eigenes Tun damit beendet und abgeschrieben werden muß.

Lieber Herr Leibnitz, ich bin damit am Ende meiner Laudatio aus Anlaß Ihres 65. Geburtstages; ich möchte sie aber nicht mit dem etwas wehmütigen Ton über das Ende des CZ's ausklingen lassen. Deshalb habe ich gesucht und in W. Ostwalds[2] Schriften gefunden, was hier wohl herpaßt: „Solche Dinge (über die ich heute sprach) sind immer das Ergebnis angestrengtester innerer Arbeit, nur daß sie gewöhnlich nicht als der unmittelbare Endpunkt einer Gedankenreihe erscheinen, sondern nach den Beschreibungen eines sicherlich Zuständigen, nämlich Helmholtzens, aus einem mit unsäglicher Arbeit anscheinend vergeblichen Grübelns bereiteten Boden in einem Augenblicke harmonischer Betätigung der gesamten Energien plötzlich aufblühen. Ein solches Erlebnis ist derart überwältigend, daß nur das Glück dieser plötzlichen Empfängnis, nicht aber die Mühsal des vorangegangenen Grübelns im Gedächtnis zu bleiben pflegt."

---

[2] Ber. Chem. Ges 44 (1911), Heft 13.

Siegfried Nowak

Einige neue Aspekte der Pyrolyse von wasserstoffarmen hochsiedenden Kohlenwasserstofffraktionen

Es ist mir eine besondere Freude, auf diesem Festkolloquium einige neue Ergebnisse und zukunftsträchtige Aspekte der Pyrolyse von Kohlenwasserstoffen vortragen zu dürfen; zu einem Gebiet also, das über viele Jahre die Tätigkeit von Ihnen, Herr Leibnitz, mitbestimmt hat.

Sie haben schon zu einem Zeitpunkt auf die Bedeutung der petrolchemischen Erzeugung von organischen Grundstoffen hingewiesen und entsprechende Forschungsaktivitäten ausgelöst, als die Braunkohlen- und Acetylenchemie in unserer Republik nahezu ausschließlich die Basis der verarbeitenden chemischen Industrie darstellte. In der ersten Phase der Ablösung der Carbochemie in der DDR, etwa in der 2. Hälfte der fünfziger Jahre, konnte daher die Industrie auf eine Reihe wertvoller methodischer Erfahrungen und praktischer Ergebnisse Ihres damaligen Leipziger Institutes zurückgreifen. Aus der Vielzahl der Ergebnisse und Aktivitäten möchte ich nur solche grundlegenden Arbeiten wie die Erzeugung von α-Olefinen durch thermische Spaltung von Gatschen und Mittelparaffinen aus der Fischer-Tropsch-Synthese und die Hochtemperaturpyrolyse von Erdölfraktionen unterschiedlicher Zusammensetzung und Siedelage in einem kleintechnischen Wanderbettreaktor nennen, die wertvolle Beiträge für die Ermittlung geeigneter Rohstoffe für die Erzeugung von niederen Olefinen und Aromaten lieferten. Diese Arbeiten waren vorzugsweise auf die Lösung praktischer Fragen der chemischen Industrie orientiert. In den sechziger Jahren wurden sie unter Ihrer unmittelbaren Leitung durch kinetische und reaktionsmechanistische Untersuchungen ergänzt und theoretisch vertieft. Wesentliche Ergebnisse der Untersuchungen bestanden

— im Auffinden von Beziehungen zwischen dem Charakter des Einsatzproduktes, den Prozeßbedingungen und der Spaltproduktzusammensetzung;
— in der mathematischen Wichtung des Einflusses der verschiedenen Prozeßparameter auf das Spaltergebnis;
— in der Aufstellung von statistischen Modellen und Vorhersagemodellen über das Spaltverhalten einer Reihe wichtiger Benzinfraktionen.

Die von Ihnen, Herr Leibnitz, initiierten Arbeiten haben wir konsequent in zwei Richtungen fortgeführt. Es handelt sich hierbei um Beiträge für die rationelle und optimale Gestaltung der in diesem Jahr in Betrieb genommenen Großpyrolyseanlage in Böhlen sowie um Arbeiten zur Schaffung und zur Suche nach wissenschaftlich-technischen Grundlagen für die stoffwirtschaftlich und energetisch günstigere Gestaltung von Prozessen für die Gewinnung von organischen Grundstoffen.

Bevor ich auf einige neue Ergebnisse unserer Untersuchungen eingehe, gestatten Sie mir in wenigen Worten auf den Stand der Technik und einige wesentliche internationale Entwicklungstendenzen auf dem Gebiet der Pyrolyse einzugehen.

Die Erzeugung von niederen Olefinen erfolgt heute vorzugsweise durch thermische Spaltung von gasförmigen bzw. flüssigen Kohlenwasserstofffraktionen bei Temperaturen zwischen 780 bis 870 °C und bei Verweilzeiten von 0,3—0,6 s und Normaldruck. Während in den USA und in der UdSSR billige äthan- und propanreiche Pyrolyserohstoffe zur Verfügung standen und für einige Jahre noch zur Verfügung stehen werden, erfolgt die Herstellung von Äthylen und anderen niederen Olefinen in Europa und in Japan ausnahmslos auf Basis von flüssigen Erdölfraktionen, insbesondere von Benzinfraktionen. Wenn auch zum gegenwärtigen Zeitpunkt der Einsatz von Leichtbenzinfraktionen dominiert (nach Schätzungen liegt die Gewinnung von niederen Olefinen aus Benzinfraktionen bei 93%), so zeichnet sich doch bereits heute ein deutlicher Trend zur Verarbeitung höhersiedender wasserstoffarmer Einsatzprodukte wie Gasöl und anteilig auch Erdöl ab. Die Ursachen für diese Entwicklung liegen einmal in dem außerordentlich hohen Bedarf an organischen Grundstoffen durch die plast- und elastverarbeitende Industrie, sowie in der ständig zunehmenden Motorisierung, die zu einer permanenten Verknappung an Benzinfraktionen führt.

Sollte die im RGW geplante Erzeugung von Olefinen im Prognosezeitraum weiterhin nur durch Verarbeitung der bisher üblichen Benzinfraktionen erfolgen, würde das eine Verdopplung der Erdölverarbeitung erforderlich machen; eine Forderung, die nicht annähernd zu realisieren ist.

Auch für unsere Republik kann man feststellen, daß der Bedarf an organischen Grundstoffen weitaus schneller steigen wird als die Erdölverarbeitung, so daß für die Erzeugung von Olefinen und aromatischen Kohlenwasserstoffen notwendigerweise höhersiedende wasserstoffarme Erdölfraktionen eingesetzt werden müssen. Trotz einiger bereits betriebener Pyrolyseanlagen auf Basis von Gasölfraktionen ist der Stand der Pyrolysetechnologie sowohl von stoffwirtschaftlichen wie energetischen Gesichtspunkten aus gesehen wenig befriedigend.

Von den zahlreichen technologischen Varianten hat sich in überwältigender Weise der Röhrenreaktor durchgesetzt. Trotz der großen Fortschritte auf dem Gebiet der konventionellen Röhrenpyrolyse, wie Erzielung höherer Durchsätze bei gleichzeitiger Erhöhung der Olefinausbeute, Senkung der Selbstkosten durch den Aufbau und Betrieb großer Produktionskapazitäten, Ausweitung der Rohstoffbasis nach höhersiedenden Fraktionen, gibt es nach unserer Meinung keinen in allen Belangen befriedigenden Prozeß für die komplexe Erzeugung von organischen Grundstoffen.

Als Schwachstellen der bisherigen Pyrolysetechnologie möchte ich folgende nennen:

Moderne Pyrolyseanlagen sind fast ausschließlich auf die Verarbeitung definierter enggeschnittener Erdölfraktionen, vorwiegend Benzinschnitten, ausgelegt und besitzen hinsichtlich der Verarbeitung unterschiedlicher Einsatzprodukte eine ungenügende Flexibilität. Außerdem sind diese Anlagen auf die Erzeugung einer maximalen Äthylenmenge orientiert, was nach unserer Auffassung in den wenigsten Fällen mit dem volkswirtschaftlichen Optimum identisch ist. Ein weiterer Mangel besteht auch darin, daß für sie eine statistische Verteilung der Reaktionsprodukte charakteristisch ist, die nur in sehr engen Grenzen variiert werden kann und daher den Bedarfsverhältnissen der Volkswirtschaft ungenügend anpaßbar ist. Die Selektivität bezüglich gewünschter Zielprodukte ist darüber hinaus unbefriedigend.

Der durch die Spaltung bedingte hohe Anfall an minderwertigen Produkten wie Methan und Wasserstoff, der Anteil kann bis 20% betragen, die Bildung von gum- und kohlenstoffhaltigen Ablagerungen, die zu periodischen Abstellungen der Pyrolyseanlagen führen, sind zusätzliche negative Begleiterscheinungen des Pyrolyseprozesses.

Ein weiterer Umstand, der die Ökonomie des Pyrolyseprozesses stark belastet, ist der außerordentlich hohe Energieaufwand, der durch die Tieftemperatur-Mitteldruck-Trennung der Spaltgase bei 30—40 atm. bedingt ist.

Die Entwicklung von Pyrolyseanlagen wurde und wird ganz erheblich durch die in den einzelnen Ländern vorhandenen Rohstoffe bestimmt. Der Trend geht dabei eindeutig zur Verarbeitung wasserstoffarmer hochsiedender Kohlenwasserstoffe.

Die Spaltung von hochsiedenden Kohlenwasserstofffraktionen unterscheidet sich ganz wesentlich von der Spaltung leichter Kohlenwasserstoffe. Es ist bekannt, daß in dem Maße, wie der Wasserstoffgehalt im Einsatzprodukt für die Pyrolyse abnimmt, der Rohstoffeinsatz für eine t produzierten Äthylens vergrößert werden muß. So werden für die Erzeugung von 1 t Äthylen etwa 3 t Benzin benötigt. Erfolgt die Herstellung derselben Äthylenmenge aus Gasölfraktionen, müssen dafür etwa 4,5 t bereitgestellt werden.

Ein weiteres Problem, das bei der Pyrolyse solcher hochsiedender Erdölfraktionen eine große Rolle spielt, ist der hohe Schwefelgehalt des Einsatzproduktes, der eine zusätzliche und aufwendige Laugenwäsche der Spaltgase erfordert.

Wir haben uns mit dem Spaltverhalten von Dieselölfraktionen und mit deren negativen Folgen auf den Spaltprozeß eingehend befaßt. Die Ursache für das mit steigender Siedelage schlechter werdende Spaltverhalten ist weniger die zunehmende mittlere Molmasse, als der wachsende Aromatengehalt im Einsatzprodukt. Diese im Prinzip bekannte Tatsache wurde durch systematische Untersuchungen der Pyrolyse von hydrierten Gasölfraktionen der Siedelage 240—360 °C mit unterschiedlichen Aromatengehalten durch uns erhärtet und belegt. Die Ergebnisse der Normaldruckpyrolyse sind in Abbildung 1 dargestellt.

Daraus ist ersichtlich, daß der Spaltgasanfall ganz wesentlich vom Aromatengehalt der Gasölfraktion bestimmt wird. Eine Absenkung des Aromatengehaltes von 28 auf 2 Gew.% führt zu einer Anhebung der Spaltgasausbeute um 22%. Dieser Anstieg erfolgt praktisch ausschließlich zu Lasten des Pyrolyseöls. Am Zuwachs des Spaltgases ist das Äthylen mit etwa 10% beteiligt. Die Ausbeuten an Propylen und BTX-Aromaten bleiben über den gesamten Bereich nahezu konstant. Erwartungsgemäß geht die Bildung von festen Produkten mit zu-

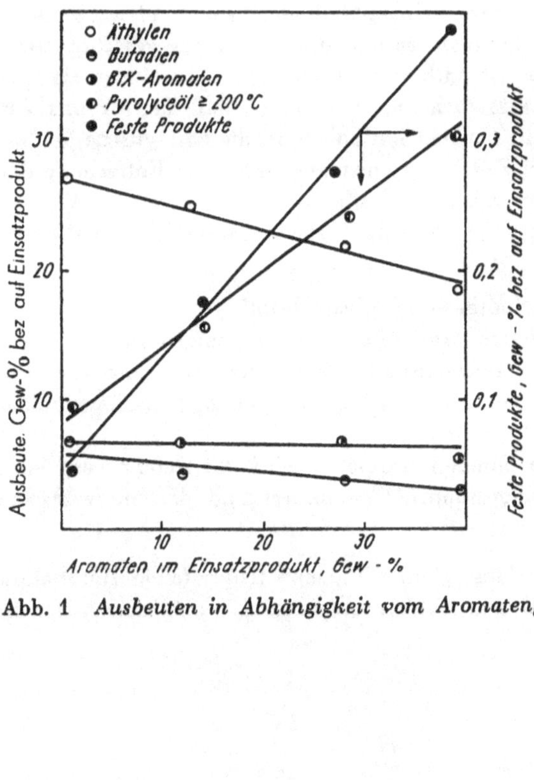

Abb. 1 *Ausbeuten in Abhängigkeit vom Aromatengehalt in Gasölfraktionen*

nehmendem Hydriergrad zurück. Sie beträgt bei einem Restaromatengehalt von etwa 2 Gew.% nur noch $^1/_5$ der Menge, die bei einem Aromatengehalt von 28 Gew.% gefunden wurde. Die vom Aromatengehalt unabhängige Ausbeute an BTX-Aromaten zeigt, daß diese nicht mit den durch die Aromatenhydrierung gebildeten Naphthenen korrelierbar ist.

Die Ergebnisse zeigen, daß sich aromatenarme Gasöle bei der Pyrolyse ganz analog wie ein straight-run Benzin verhalten und die beim Einsatz von hochsiedenden Kohlenwasserstofffraktionen beobachteten Nachteile vermieden werden.

Eine Alternative zu den aufgezeigten Schwierigkeiten bei der Pyrolyse von wasserstoffarmen Einsatzprodukten ist einmal die Erhöhung des Wasserstoffpartialdruckes im Reaktionsgemisch durch Zugabe wasserstoffreicher Gase oder eine geeignete Vorbehandlung des Rohstoffes.

Beide in der Literatur beschriebenen Methoden besitzen nach unserer Meinung entscheidende Mängel. So verlangt die Zugabe von Wasserstoff zum Spaltrohstoff große Reaktionsräume und große Wärmeaustauschflächen. Ein weiterer Nachteil besteht darin, daß das Zusatzgas gemeinsam mit dem eigentlichen Spaltgas komprimiert werden muß und der Verdünnungseffekt den Taupunkt herabsetzt, was wiederum tiefere Temperaturen zur Verflüssigung der Kohlenwasserstoffe und damit höhere Energieaufwendungen erforderlich macht. Auch die in der Literatur beschriebene Methode, die störenden Aromaten durch eine Selektivextraktion herauszulösen und lediglich das gesättigte Raffinat in die Spaltung zu geben, ist nach unserer Meinung sehr aufwendig und wenig ökonomisch. Eine grundsätzliche neue Variante, auf die wir uns zur Lösung der genannten Probleme konzentriert haben, ist die katalytische Hydrobehandlung der hochsiedenden Erdölfraktionen und damit die Entfernung der störenden Aromaten im Pyrolyserohstoff.

Die katalytische Hydrierung von derartig vorbehandelten Mitteldestillaten hat folgende Vorteile:

- Erhöhung des Wasserstoffgehaltes im Pyrolyserohstoff
- Überführung der kondensierten aromatischen Verbindungen in Naphthenkohlenwasserstoffe, die gute Ausgangsprodukte für die Erzeugung von offenen und cyclischen Diolefinen wie Butadien, Isopren und Cyclopentadien sind
- Durch die Beseitigung der höheren Aromaten wird die Gefahr der Gum- und Koksbildung im Kondensationsteil gemindert und der unerwünschte Heizölanfall herabgesetzt.

Parallel zur Hydrierung verläuft gleichzeitig eine tiefgreifende Raffination von schwefel- und stickstoffhaltigen Kohlenwasserstoffen, wobei die entstehenden Raffinationsprodukte H_2S und NH_3 eliminiert werden und damit die Trennung der Spaltgase nicht belasten.

Die katalytische Hydrierung des Pyrolyserohstoffes kann mit unterschiedlicher Zielstellung durchgeführt werden und hängt weitgehend vom gewünschten Zielprodukt ab.

Sollen durch die Pyrolyse möglichst viel BTX-Aromaten erzeugt werden, so wird die Hydrieraktivität so gesteuert, daß die polynuklearen Aromaten zu Hydroaromaten umgewandelt werden, aus denen in der nachfolgenden Spaltung vorzugsweise Monoaromaten entstehen.

Der besondere Vorteil der von uns gemeinsam mit der Forschungsabteilung Katalysatoren der Leuna-Werke entwickelten katalytischen Hydrierung besteht darin, daß die partielle Hydrierung der kondensierten aromatischen Systeme unter Mitteldruckbedingungen mit Entmethaner-Top-Gas aus der Pyrolyseanlage gelingt, einem Hydriergas, das noch etwa 50% Methan enthält. Diese außerordentlich harten Bedingungen stellen hohe Anforderungen an den Katalysator. Nach unseren Kenntnissen ist eine solche partielle Hydrierung damit erstmalig in befriedigender Weise gelungen. Sie wird an einem modifizierten schwefelfesten Wolframsulfid-Katalysator bei einem Druck von etwa 30—40 atm. und einer Temperatur von 300 °C in einem Rieselphasenreaktor durchgeführt.

Neben einer zufriedenstellenden Hydrieraktivität besitzt der Katalysator darüber hinaus noch weitere positive Eigenschaften. Er wirkt dealkylierend ge-

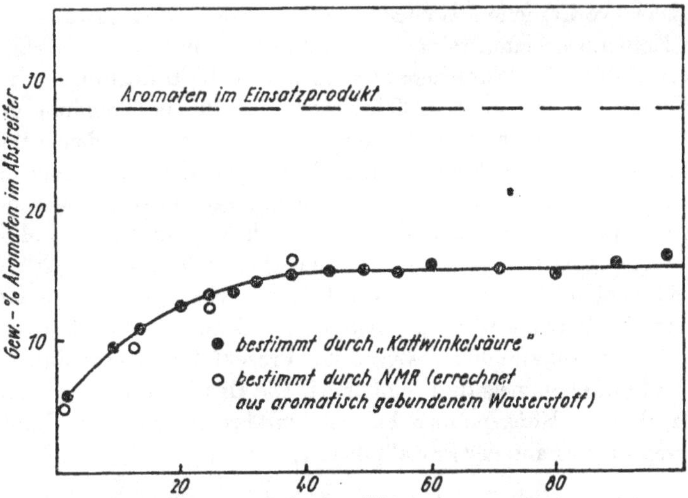

Abb. 2 *Hydrierung von rohem Gasöl — Aromatengehalt in Abhängigkeit von der Laufzeit*

genüber substituierten Aromaten und bewirkt keine Isomerisierung linearer Kohlenwasserstoffketten, was sich negativ auf die Spaltgaszusammensetzung auswirken würde.

Ungeachtet der vorliegenden guten Ergebnisse zur katalytischen Hydrierung entsprechen diese noch nicht in allen Belangen technischen Ansprüchen und bedürfen weiterer Verbesserungen und Untersuchungen. So stehen noch wesentliche Untersuchungen zur Langzeitaktivität des Katalysators, zu seiner Belastbarkeit wie auch die Ermittlung der Regenerationsbedingungen — Angaben, die für die technische Realisierung wichtig sind, aus.

Um die katalytische Mitteldruck-Hydrierung optimal in den Pyrolyseprozeß zu integrieren, wurden von uns umfangreiche Untersuchungen zur Pyrolyse von Kohlenwasserstofffraktionen unter Druck durchgeführt. Neben der Pyrolyse von Benzinfraktionen sowie unbehandelten, partiell und vollhydrierten Dieselölfraktionen, wurden insbesondere umfangreiche Untersuchungen über den Einfluß unterschiedlicher Verdünnungsmittel wie H_2O, H_2, H_2/CH_4-Gemische, CH_4 sowie CH_4/H_2O-Gemische auf die Druckpyrolyse und die Spaltproduktzusammensetzung durchgeführt.

Aus der Literatur sind Untersuchungen zur Pyrolyse unter Druck bekannt. Diese verfolgen das Ziel, Kompressionsenergie einzusparen, die bei der Normaldruckpyrolyse etwa 30—40% des Energieaufwandes der Gesamtanlage ausmacht. Die wenigen bisher vorliegenden Untersuchungen wurden vorzugsweise mit leichtsiedenden Kohlenwasserstofffraktionen durchgeführt und umfassen einen Druckbereich von 7—15 atm. Wünschenswert wäre aber die Durchführung der Pyrolyse unter einem Druck von etwa 30—40 atm., der für die Trennung der Spaltgase erforderlich ist und aufgebracht werden muß. Diese auf den ersten Blick bestechende Variante, die Pyrolyse unter dem Druck der Gastrennanlage durchzuführen, ist jedoch mit einigen unangenehmen Begleiterscheinungen behaftet, die um so stärker in Erscheinung treten, je höher der Druck und je wasserstoffärmer das Einsatzprodukt ist. Der entscheidende Nachteil ist die Begünstigung aller bimolekularen Aufbaureaktionen wie Polymerisationen, Oligomerisationen, Verharzungen sowie Teer- und Koksbildung durch Druck und eine zu geringe Spaltgasbildung, welche die Prozeßführung erheblich erschweren und die Stoffbilanz negativ beeinflussen. Die Druckpyrolyse erfordert daher grundsätzlich neue Konzeptionen bei der verfahrenstechnischen Gestaltung des Pyrolyseprozesses und der Prozeßführung.

Im folgenden möchte ich Sie mit einigen wesentlichen Ergebnissen und einigen Besonderheiten der Druckpyrolyse von Dieselölfraktionen bekannt machen und darüber hinaus einige Möglichkeiten aufzeigen und diskutieren, die sich für die Verarbeitung von wasserstoffarmen hochsiedenden Erdölfraktionen zu petrolchemischen Grundstoffen durch Verfahrenskopplung von katalytischer Hydrierung und nachfolgender Druckpyrolyse ergeben.

Die Pyrolyse von Kohlenwasserstoffen unter Druck führt gegenüber der Normaldruckpyrolyse zu einem grundsätzlich anderen Ausbeuteprofil. In erster Linie werden weniger Olefine gebildet, wogegen das Flüssigprodukt sowie die Gum- und Koksbildung zunehmen. Die Produktzusammensetzung wird in hohem Maße durch die Reaktionstemperatur, den Druck, durch das Verhältnis von Kohlenwasserstoff zu Zusatzstoffen, durch die Art der Zusatzstoffe und insbesondere durch die Verweilzeit bestimmt. Es wurde gefunden, daß im Gegensatz zur Normaldruckpyrolyse die Zusammensetzung und Siedelage des Einsatzproduktes bei der Druckvariante einen größeren Einfluß auf das Spaltergebnis besitzen.

Zunächst einige charakteristische Ergebnisse der Gasölpyrolyse bei erhöhtem Druck in einem 8 m-Technikumsreaktor.

Insgesamt gesehen entstehen bei der Druckpyrolyse die schon genannten stoffwirtschaftlichen Nachteile (niedrigere Olefin- und Diolefinausbeuten, Zunahme von niederen Paraffinen und flüssigen Reaktionsprodukten) und durch eine vermehrte Koksablagerung verfahrenstechnische Schwierigkeiten.

Der Mehrbedarf an Prozeßdampf erfordert ein höheres Wärmeangebot im Ofenteil, das im Quenchteil nur auf einem niedrigen Energieniveau zurückgewonnen werden kann.

Tabelle 1

Zusammensetzung der Spaltprodukte bei der Pyrolyse von Dieselöl bei normalem und erhöhtem Druck

Spaltprodukt	1 atm $mH_2O/mKW = 0{,}8$	26 atm $mH_2O/mKW = 3{,}0$
Methan	11	16
Äthylen	22	14
Äthan	2,3	6,4
Propylen	12,0	10
Butadien	4,1	1,4
Acetylen	0,25	0,05
BTX-Aromaten	6,0	10,7
Pyrol.-Benzin	9,0	17
Pyrol.-Öl	26,0	29
Koks	0,3	nicht bestimmt

Auch die Druckpyrolyse von hydrierten Gasölfraktionen mit unterschiedlichen Aromatengehalten (Bedingungen: RT. 770°, VZ 0,7 s, Druck 25 atm., H_2-Partialdruck 5 atm.) führt im Gegensatz zur Normaldruckpyrolyse zu einer Verringerung der Ausbeuten an Äthylen um etwa 5%, Butadien um 2–3% und Wasserstoff um 0,5%.

Demgegenüber steigen die rohstoffspezifischen Ausbeuten an monocyclischen Aromaten C_6—C_9 auf Werte zwischen 13 und 21 Gew.-%, bezogen auf Einsatzprodukt. Charakteristische Ausbeuten an Benzol und Toluol in Abhängigkeit vom Aromatengehalt im Einsatzprodukt enthält für die thermische Spaltung unter Druck und unter Normaldruck die folgende Tabelle 2.

Tabelle 2

Benzol- und Toluolausbeuten in Abhängigkeit vom Aromatengehalt im hydrierten Gasöl

Aromatengehalt im Ausgangsprodukt (Gew.-%)	Produkte	Ausbeute $P_A = 1$ Atm	(Gew.-% bez. auf Ausgangsprodukt) $P_A = 25$ Atm $P_{H_2} = 5$ Atm
2	Benzol	3	10
	Toluol	3	7
8	Benzol	3	10
	Toluol	3	6
14	Benzol	3	9
	Toluol	3	5
18	Benzol	3	—
	Toluol	3	—
22	Benzol	3	7
	Toluol	3	4
28	Benzol	3	5
	Toluol	3	3

Aus diesen Ergebnissen ist zu erkennen,

- daß die Ausbeute an Benzol und Toluol bei erhöhtem Druck deutlich ansteigt und
- daß dieser Anstieg um so größer ist, je weniger Aromaten im Einsatzprodukt enthalten sind.

Um das Spaltverhalten von hydrierten Gasölfraktionen aufzuklären, haben wir einige partiell und total hydrierte individuelle polycyclische Aromaten hergestellt und bei Normal- und erhöhtem Druck der Pyrolyse unterworfen. Die Ergebnisse dieser Untersuchungen sind in der Tabelle 3 dargestellt.

Tabelle 3

Pyrolyse von polycyclischen Naphthenen und Aromaten in Gegenwart von n-Heptan bei verschiedenen Drücken

Ausgangsprodukt*)	Druck**) (Atm)	Crack-Produkte (Gew.-%) Aliphaten C_9	Aromaten C_9	schwere Kohlenwasserstoffe C_{10}
Dekalin	1	45	33	22
	25 (5)	15	50	35
Tetralin	1	7	7,5	85,5
	25 (5)	2	15	83
Tetradekahydro-anthracen	1	61	12	27
	25 (5)	47	27,5	25,5
s-Octahydroanthracen	1	6,5	—	—
	25 (5)	21	17	62
Tetradekahydro-phenanthren	1	78	7	15
	25 (5)	49	27,5	23,5
Tetrahydroacenaphthen	1	7,5	—	—
	25 (5)	3	7,5	89,5

*) Umwandlung 97%
**) Werte in ( ) = P_{H_2}

Die Pyrolyse von Dekalin unter Normaldruck ergibt überraschenderweise eine hohe Ausbeute an monocyclischen C_6—C_9-Aromaten. Aus Tetralin wird erwartungsgemäß vorzugsweise durch Dehydrierung Naphthalin gebildet. Die Pyrolyse unter Druck verändert für alle Kohlenwasserstoffe das Spaltergebnis zugunsten eines höheren Anfalls an monocyclischen Aromaten.

Aus der Gesamtheit der erhaltenen Ergebnisse kann man schließen, daß aus polycyclischen Naphthenen vorzugsweise aliphatische Spaltprodukte $\leq C_9$ gebildet werden und daß das Reaktionsverhalten der polycyclischen Hydroaromaten mit einem 6 π-Elektronensystem stark von der Struktur abhängig ist. Diese Kohlenwasserstoffe neigen vorwiegend zur Isomerisierung und Dehydrierung.

Um diese Feststellungen zu erhärten, wurden am Beispiel von Tetralin die bei der Pyrolyse unter Druck und Normaldruck ablaufenden Reaktionen detailliert untersucht.

Aus der Verteilung der angefallenen Reaktionsprodukte wurden die relativen Geschwindigkeiten für die Konkurrenzreaktionen Dehydrierung (I), Isomerisierung (II) und Ringöffnung (III) bei 1 atm. sowie 25 atm. und 770 °C bestimmt.

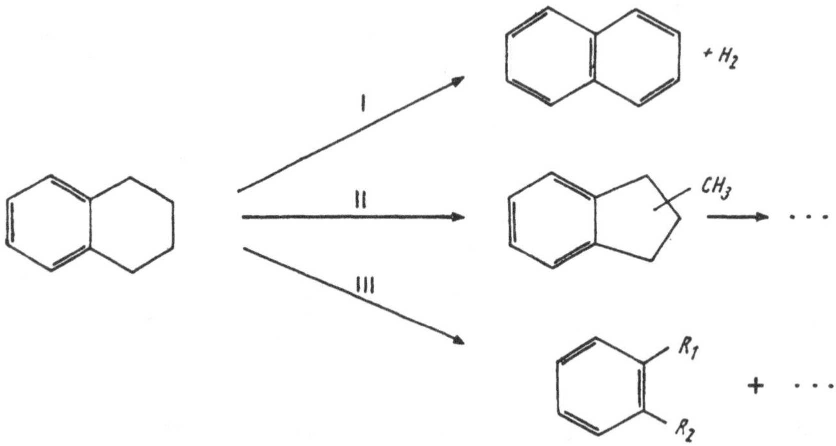

Abb. 3 *Thermische Spaltung von Tetralin*
Relative Reaktionsgeschwindigkeiten

P_A — 1 Atm	$r_I : r_{II} : r_{III}$	16 : 3 : 1
P_A — 25 Atm	$r_I : r_{II} : r_{III}$	2 : 0,3 : 1
P_{H_2} — 5 Atm		

Es wurde gefunden, daß bei Normaldruck die Reaktionsgeschwindigkeit der Dehydrierung etwa 16mal und die der Isomerisierung etwa 3mal so groß wie die der Ringspaltung zu monocyclischen Aromaten ist.

Mit steigendem Betriebs- und Wasserstoffpartialdruck werden die Dehydrierungs- und Isomerisierungsreaktionen deutlich zurückgedrängt und die Ringöffnung begünstigt. Bei 25 atm. Betriebsdruck und 5atm. H_2-Partialdruck verhalten sich die relativen Reaktionsgeschwindigkeiten von Dehydrierung zu Isomerisierung zu Ringöffnung wie 2 : 0, 3 : 1, d. h., die Ausbeuten an Benzol und seinen Homologen liegen bei der Pyrolyse unter Druck wesentlich höher.

Durch die partielle Hydrierung von Gasölfraktionen und deren nachfolgende Pyrolyse unter erhöhtem Druck ergeben sich daher neue Möglichkeiten für die gleichzeitige Gewinnung von niederen Olefinen und aromatenreichen Flüssigprodukten aus hochsiedenden wasserstoffarmen Einsatzprodukten. Ausgehend von den erhaltenen Ergebnissen mit hydrierten Gasölfraktionen wurden Untersuchungen über das Spaltverhalten von Rohdieselöl unter Druck in Gegenwart von wasserstoffreichen Zusatzgasen durchgeführt. Die Versuche sollten Aufschluß darüber geben, inwieweit der bei der Druckpyrolyse in Gegenwart von Wasserdampf beobachteten Verschlechterung der Ausbeutestruktur (wie geringere Spaltgasbildung, Zunahme der unerwünschten Sekundärreaktionen) entgegengewirkt werden kann und welchen Einfluß Wasserdampf, Wasserstoff, Wasserstoff/Methan-Gemische und Methan auf den Spaltverlauf ausüben.

Um in der uns zur Verfügung stehenden Apparatur die Pyrolyse von Gasöl realisieren zu können, mußte mit relativ hohen Gasöl-Verdünnungsverhältnissen von 3 : 1 bis 6 : 1 gearbeitet werden. Die Ergebnisse der Pyrolyse von Gasöl bei 26 atm. und in Gegenwart von Wasserdampf, eines Gemisches von Wasserdampf/Methan/Wasserstoff und von Wasserdampf/Wasserstoff zeigt die folgende Abbildung.

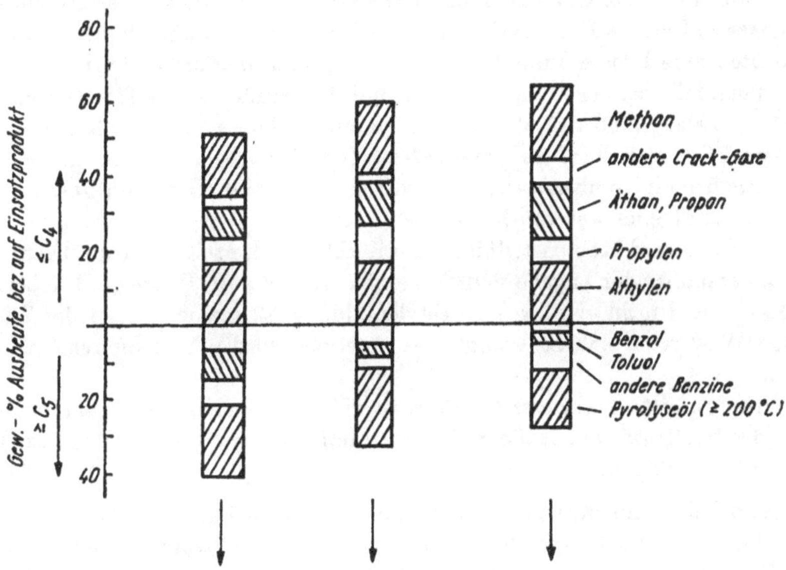

Bedingungen:

$m_{H_2O} : m_{HC}$	6.0	5.13	5.23
$m_{CH_4} : m_{HC}$	–	0.39	–
$m_{H_2} : m_{HC}$	–	0.04	0.09
T_A[°C]	——	750	——
P_A[Atm]	——	25	——
[s]	——	0.72	——

Abb. 4 *Pyrolyse von Gasöl in Gegenwart von Verdünnungsmitteln*

Ungeachtet des hohen Verdünnungsverhältnisses von Gasöl zu Wasserdampf von 1 : 6 machten sich Verkokungserscheinungen bemerkbar, die zu geringeren Laufzeiten der Versuchsapparatur führten. Eine teilweise Substitution des Wasserdampfes durch Wasserstoff bzw. eines Wasserstoff/Methan-Gemisches führte neben längeren Laufzeiten der Anlage insbesondere zu einer Erhöhung des Spaltgasanfalls mit insgesamt mehr Äthylen und gesättigten Kohlenwasserstoffen wie Methan, Äthan und Propan. Ferner wurde eine Verringerung des Anfalls an Pyrolyseöl und Kohlenstoffablagerungen, aber auch an aromatischen Kohlenwasserstoffen beobachtet. In Gegenwart von Wasserstoff ist die Reduzierung der Aromaten und die Bildung von niederen Paraffinen besonders stark ausgeprägt, was für die hydrierende Wirkung des Wasserstoffes unter diesen Reaktionsbedingungen spricht.

Untersuchungen mit Tritium bestätigen diese Feststellung. Die Verwendung von Methan/Wasserstoffgemischen als Zusatzgas zeigt gegenüber Wasserdampf und Wasserstoff einige Besonderheiten. So wird bei vergleichbar hohen Äthylenausbeuten eine höhere Propylenausbeute und eine merkliche Verringerung des Methananfalls bei der komplexen Reaktion beobachtet. Diese Tatsache veranlaßte uns, den Einfluß von Methan auf die unter erhöhtem Druck ablaufende Pyrolysereaktion detailliert zu untersuchen. Die Versuche in Gegenwart von Methan ergaben einige überraschende Ergebnisse. So wird einmal im Vergleich zu Wasserdampf eine wesentlich längere Laufzeit der Pyrolyseanlage infolge geringerer Gum- und Kohlenstoffbildung erreicht. Andererseits liegt die Olefinausbeute gegenüber der Zugabe von Wasserdampf und auch Wasserstoff höher. Die störende und nicht erwünschte Acetylenbildung ist analog wie bei der Zugabe von Wasserstoff nahezu unterdrückt. Acetylen wird nur in Spuren nachgewiesen.

Ein weiteres, nicht erwartetes Ergebnis ist die Beeinflussung der Zusammensetzung des Spaltgases durch die zudosierte Methanmenge. Das Ergebnis zeigt die folgende Abbildung.

Während bei einem Masseverhältnis von Methan zu Gasöl von kleiner als 1 keine Beeinflussung festgestellt werden konnte, wird oberhalb 1 eine signifikante Zurückdrängung der zu Methan führenden Crackreaktionen beobachtet. Dabei wird das Prozeßmethan um so stärker zurückgedrängt, je größer die zudosierte Methanmenge ist.

Eine exakte Erklärung für diese Beeinflussung des komplexen Reaktionsablaufes durch Methan können wir z. Z. noch nicht geben. Die Ergebnisse sind wissenschaftlich hochinteressant und zeigen, daß das bisher als inert angesehene Methan offensichtlich in den Mechanismus der Pyrolyse von Kohlenwasserstoffen eingreift.

Jetzt bekannt gewordene Ergebnisse sowjetischer Laboratorien über den Einfluß von Äthan auf die Ausbeutestruktur bestätigen die von uns gemachten Beobachtungen und bestärken uns, die Aufklärung dieser Einflüsse weiter zu untersuchen.

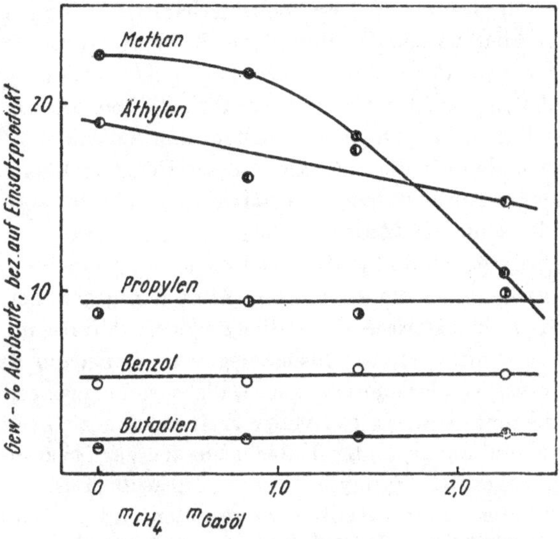

Abb. 5 *Pyrolyse von Gasöl in Gegenwart von Methan*

Neben den erwähnten stoffwirtschaftlichen Effekten könnte sich die Zugabe von Methan auch positiv auf die energetische Gestaltung der Druckpyrolyse auswirken. Um bei der Druckpyrolyse analoge Ausbeuten wie bei der Normaldruckpyrolyse zu erhalten, sind hohe Temperaturen und sehr kurze Verweilzeiten erforderlich. Die Realisierung solcher Prozeßbedingungen erfordert aber wegen der hohen Dichte des Reaktionsmediums sehr hohe Heizflächenbelastungen des Reaktors, die bei dem heutigen Stand der Technik nicht ohne weiteres möglich sind. Da Methan thermisch sehr beständig ist und gegenüber dem bisherigen Wärmeträger Wasserdampf auch über eine höhere Wärmekapazität verfügt, könnte durch die Zugabe von Methan zum Einsatzprodukt eine hohe Wärmemenge zusätzlich in den Reaktor eingebracht werden. Inwieweit jedoch die Durchführung der Pyrolyse unter Druck und in Gegenwart von Methan zu stoffwirtschaftlichen und energetischen Vorteilen führt, kann auf Grund des vorliegenden Datenmaterials noch nicht sicher beantwortet werden. Dazu bedarf es weiterer Untersuchungen und Berechnungen sowie Überlegungen zur verfahrenstechnischen Gestaltung des Pyrolyseverfahrens und einiger wesentlicher Anlagenteile.

Zusammenfassend läßt sich folgendes feststellen:

Ungeachtet einer ganzen Reihe noch offener Probleme eröffnen die vorliegenden Ergebnisse neben neuen Möglichkeiten der Verarbeitung von hochsiedenden wasserstoffarmen Erdölfraktionen zu niederen Olefinen und aromatischen Kohlenwasserstoffen sehr interessante reaktionsmechanistische und kinetische Fragestellungen zur thermischen Spaltung von Kohlenwasserstoffen und zur Beeinflussung der Pyrolyse durch Zusätze. Die Ergebnisse zeigen, daß die hydrokatalytisch behandelten Gasölfraktionen wesentlich geeignetere Rohstoffe für die Pyrolyse darstellen als die unvorbehandelten, und daß diese sich bei der Normaldruckpyrolyse analog wie die z. Z. verwendeten Benzinfraktionen verhalten und auch ein analoges Ausbeutespektrum aufweisen. Führt man die Pyrolyse hydrokatalytisch behandelter Mitteldestillate bei erhöhtem Druck durch, so steht einem geringeren Anfall an Spaltgas und niederen Olefinen eine signifikante Erhöhung der Ausbeute an monocyclischen Aromaten gegenüber.

Die von uns erarbeitete hydrokatalytische Behandlung von Gasölfraktionen unter Mitteldruck erweitert also nicht nur das bisher begrenzte Spektrum der Einsatzprodukte für die Pyrolyse, sondern gestattet auch, die Zusammensetzung der Pyrolyseprodukte in Richtung weiterer wertvoller Zielprodukte zu beeinflussen. Wir hoffen, daß diese und die geplanten Untersuchungen zur Schaffung der Voraussetzungen beitragen, künftige Pyrolyseverfahren hinsichtlich der Einsatz- wie der Reaktionsprodukte wesentlich flexibler zu gestalten und daß diese mehr als bisher den volkswirtschaftlichen Bedürfnissen angepaßt werden können.

Manfred Ringpfeil

Die Biotechnologie — ein neuer Zweig der chemischen Technologie

In der Sitzung des Plenums unserer Akademie am 24. Januar 1963 sprachen Sie, sehr geehrter Herr Leibnitz, über Prinzipien, Möglichkeiten und Grenzen der biochemischen Verfahrenstechnik. In dieser Abhandlung faßten Sie die Ergebnisse und Erkenntnisse einer 10jährigen theoretischen und experimentellen Tätigkeit an dem Leipziger Institut für Verfahrenstechnik der organischen Chemie zusammen. Sie kamen zu dem Schluß, daß „man die Forderung anmelden müsse, neben die sich nunmehr stürmisch entwickelnde chemische Verfahrenstechnik möglichst bald eine entsprechende Biotechnik zu stellen.“[1]

Die seither vollzogene Entwicklung auf dem Gebiet der industriellen Nutzung mikrobiologischer und biochemischer Prozesse hat Ihre Forderung bestätigt.

Biologische Prozesse sind keine neue Erscheinung in der Technik. Im Gegenteil, sie gehören zu den ältesten produktiven menschlichen Tätigkeiten. Brauerei, Essigerzeugung, Flachsrotte, Sauerteigbereitung, Käserei beruhen auf jahrhunderte- und jahrtausendealten Verfahren.

Die ausgedehnte mikrobiologische Erzeugung von organischen Grundstoffen und Zwischenprodukten wie Äthanol, Butanol, Aceton und Glyzerin ordneten die biologischen Prozesse um die Jahrhundertwende in die chemische Technik ein. Obwohl ihre biochemischen Gesetzmäßigkeiten und Zusammenhänge sehr gründlich aufgeklärt wurden, verharrte ihre Technologie im empirischen, vom klassischen Gärungsgewerbe geprägten Stadium. Die ökonomischeren petrochemischen Prozesse verdrängten sie, bevor die im Aufbau begriffene physikalische Chemie und Verfahrenstechnik sich ihnen zuwenden konnte.

Mit der seit den 40er Jahren intensiv betriebenen Synthese von Antibiotika, Steroiden und Polysacchariden gewannen biologische Prozesse erstmals das wissenschaftliche Interesse der Technologen und Verfahrenstechniker.

---

[1] Leibnitz, E., „Prinzipien, Möglichkeiten und Grenzen der biochemischen Verfahrenstechnik“. Schriften der Akademie 1963, 24 S.

Die wissenschaftliche Bearbeitung der Technologie mikrobiologischer Prozesse hat in den letzten Jahren starke Impulse erhalten, insbesondere durch die Vorbereitung der Massenproduktion von mikrobiellem Eiweiß aus unkonventionellen Rohstoffen. Die Größe dieser Produktion in Hunderttausenden von Jahrestonnen, die Notwendigkeit schärfster ökonomischer Kalkulation infolge der Verwendung des Produkts als Futtermittel, die Qualitätsanforderungen auf Lebensmittelniveau durch die steigenden Ansprüche an den Schutz der menschlichen Gesundheit sowie die Einpassung der Fermentationsprozesse in den Produktionsverbund chemischer Kombinate haben Anforderungen gestellt, die mit den Mitteln einer empirischen, aus der klassischen Eiweißsynthese auf Abfallkohlenhydraten überkommenen Technologie nicht mehr erfüllt werden können.

Infolge der großen Bedeutung der Eiweißsynthese erfolgt die Herausbildung der Biotechnologie heute vorwiegend über die Herausbildung einer Technologie der Eiweißsynthese.

Eine von uns vorgeschlagene Definition berücksichtigt den eigentlichen Stoffwandlungsprozeß, die Fermentation, als Schwerpunkt und enthält 6 Problemkreise:

1. Natürliche Systemeigenschaften des Fermentationsprozesses und deren Beeinflussung
— technologisch relevante Eigenschaften der Mikroorganismen
— Mechanismen des Stoffwechsels in den Mikroorganismen
— Stöchiometrie und Kinetik des Wachstums der Mikroorganismen, der Rohstoffutilisation und der Produktbildung
— Kinetik des Stoff-, Wärme- und Impulsaustausches; Eigenschaften der Phasen des Fermentationssystems

2. Künstlich herbeigeführte Systemeigenschaften des Fermentationsprozesses und deren Organisation
— Prozeßführung
— Automatisierung
— Fermentorgestaltung

3. Dem Fermentationsprozeß vor- und nachgelagerte Operationen im geschlossenen Produktionsprozeß

4. Anschlüsse an die vor- und nachgelagerten Produktionen und Versorgungssysteme

5. Übertragung von wissenschaftlichen und technischen Erfahrungen, Ergebnissen und Erkenntnissen in die industrielle Produktion

6. Optimierung des Gesamtprozesses nach den Zielfunktionen
— Ökonomie des Prozesses
— Qualität der Produkte

Die Übertragbarkeit dieser Definition auf die meisten der bekannten technisch-mikrobiologischen Prozesse ist gegeben, weil die Vermehrung der Organismen mindestens die Voraussetzung für ihre stoffwandelnde Funktion im Produktionsprozeß darstellt, häufig aber auch unmittelbar mit ihr gekoppelt ist. Das trifft zu für solche Prozesse wie die mikrobiellen Produktbildungen, die Synthese exozellulärer Enzyme, die mikrobielle Abwasserreinigung, die Verwendung von Mikroorganismen im Bergbau und in der geologischen Industrie sowie die industrielle Nutzung der mikrobiellen Teilschritte der natürlichen Stoffkreisläufe. In unserem Institut werden am Beispiel der Eiweißsynthese zu allen Problemkreisen theoretische und experimentelle Arbeiten durchgeführt. Infolge des Umfangs dieses Gebiets ist es mir hier nur möglich, auf wenige Schwerpunkte einzugehen.

Zunächst zu den natürlichen Eigenschaften der Fermentationssysteme. Mikroorganismen vermehren sich durch Wachstum und Teilung. Ihre Vermehrung kann als eine sehr komplexe chemische Reaktion aufgefaßt werden, die nur abläuft, wenn Mikroorganismen der gewünschten Qualität unter den Ausgangsstoffen sind (siehe Abbildung 1).

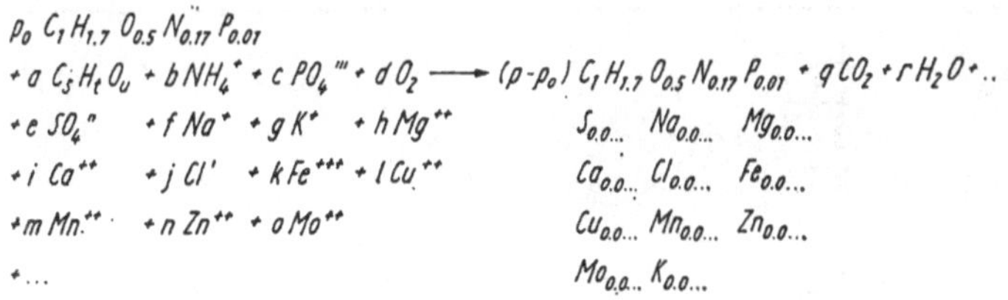

Abb. 1

Die Kinetik des Vermehrungsprozesses stellt sich als eine autokatalytische Reaktion 1. Ordnung dar, d. h., die Geschwindigkeit der Bildung der Zellen ist ihrer Konzentration proportional

$$\left(\frac{dx}{dt}\right)_W = \mu x.$$

Die Proportionalitätskonstante μ, die sogenannte Wachstumsgeschwindigkeitskonstante, ist eine komplexe Funktion vieler Variabler des Fermentationssystems

$$\mu = f\,(s_{1-i},\ T,\ pH,\ P_{syste.},\ x,\ p_{i-j},\ t).$$

Ihr maximaler Wert, der unter optimalen Fermentationsbedingungen erreicht werden kann, stellt eine wichtige Kennziffer für die technologische Charakterisierung der Mikroorganismen dar, besitzt aber noch nicht die Qualität einer Stoffkonstante.

Mikroorganismus	μ_{max} [h^{-1}]
Bakterien	
Bac. subtilis	1,6
E. coli	1,98
Hefen	
C. utilis	0,4
C. guilliermondii	0,6

Für die Bildung der Zellen wird eine bestimmte Rohstoffmenge verbraucht.

$$\alpha_x^s = \frac{s_0 - s}{x - x_0}$$

Die Größe α_x^s , der spezifische Rohstoffverbrauch, steigt mit dem Sauerstoffgehalt des Rohstoffes.

Rohstoff	α_x^s
$(C_1H_2O_0)_n$	1
$(C_1H_3O_{0,5})_2$	1,5
$(C_1H_2O_1)_n$	2
$(C_1H_{1,5}O_1)_2$	2,5
$C_1H_4O_0$	1
$C_1H_4O_1$	2
$C_1H_2O_1$	4,5
$C_1H_1O_2$	∞

Bei der Zellbildung aus verschiedenen Rohstoffen konnten wir feststellen, daß der spezifische Rohstoffverbrauch durchaus keine Konstante für eine bestimmte Kombination von Substrat und Organismus darstellt, sondern von den Fermentationsbedingungen stark abhängig ist:

$$\alpha_x^s = f\left(\frac{1}{\mu}\ ; \nu_{limit}; s_{m-n}\right).$$

Der Erzielung und Erhaltung des minimalen spezifischen Rohstoffverbrauchs kommt im technischen Prozeß der mikrobiellen Eiweißsynthese eine entscheidende Bedeutung zu. Zum einen stellen die Rohstoffkosten den weitaus größten

Anteil an den Selbstkosten des Prozesses, zum anderen sind mit dem spezifischen Rohstoffverbrauch die ebenfalls kostenerfordernden spezifischen Größen des Sauerstoffverbrauchs und der Wärmeerzeugung festgelegt:

$$a_x^s \sim a_x^{O_2} \sim a_x^Q.$$

Neben Wachstumsgeschwindigkeitskonstante und spezifischem Rohstoffverbrauch existieren aber noch weitere Kriterien, die über die Anwendbarkeit eines Mikroorganismus für eine bestimmte mikrobiologische Synthese entscheiden. Bei allen diesen Kriterien tritt die Wechselwirkung zwischen den genetisch fixierten Leistungsmöglichkeiten des Mikroorganismus und ihrer Erreichbarkeit durch die Kenntnis der optimalen Züchtungsbedingungen auf.

Um den Boden für eine sichere und schnellere Auswahl von Produktionsorganismen zu schaffen, beginnt sich deshalb gegenwärtig der Gedanke an eine technologische Taxonomie der Mikroorganismen durchzusetzen, in der solche Größen wie maximale Wachstumsgeschwindigkeitskonstante und minimaler spezifischer Rohstoffverbrauch die Qualität stammbezogener Stoffkonstanten erhalten müssen.

Der Prozeß der Zellvermehrung läßt sich vorteilhaft kontinuierlich durchführen, weil die autokatalytische Reaktion bis zu sehr kleinen Konzentrationen des Rohstoffs aufrechterhalten bleibt,

$$\mu = \mu_{max} \frac{s}{K_s + s},$$

d. h., in der auch für Zellvermehrungsprozesse anwendbaren Michaelis-Menten-Gleichung hat die Konstante K_s in der Regel einen sehr kleinen Wert.

Entsprechend seiner kinetischen Ordnung wird der Prozeß in einem idealen Mischgefäß durchgeführt. Die Stationaritätsbedingung, die sich aus der Bilanzgleichung der Biomassenströme ergibt, ist sehr einfach.

Sie verlangt Gleichheit von Wachstumsgeschwindigkeitskonstante und Verdünnungsgeschwindigkeit:

$$\frac{dx}{dt} = \left(\frac{dx}{dt}\right)_Z + \left(\frac{dx}{dt}\right)_W - \left(\frac{dx}{dt}\right)_A = 0$$

$$Dx_0 + \mu x - Dx = 0$$

$$\mu x = Dx$$

$$\mu = D$$

Weit komplizierter gestaltet sich die kontinuierliche Fermentation, wenn Produktbildungen neben der Mikroorganismenvermehrung erreicht werden sollen. Hier wurde gegenüber dem Stand, den Professor Leibnitz schon vor mehr als zehn Jahren am Beispiel der Prozeßanalyse der mikrobiellen Dextransynthese erläuterte, kein wesentlicher Fortschritt erzielt. Es gibt dafür Gründe: Die Ausschüttung von Stoffwechselprodukten stellt in der Regel eine Fehlleistung des Organismus dar, eine Abweichung von seinem auf die Erhaltung und Vermehrung gerichteten Stoffwechsel. Seine Ansprüche an das Nährmedium sind deshalb größer. In offenen Systemen besteht deshalb für ihn die Gefahr einer Verdrängung durch zufällig in das System gelangende Mikroorganismen mit niedrigeren Ansprüchen an das Nährmedium. Die zur Vermeidung solcher Infektionen erforderliche Sterilität des Systems wird gegenwärtig für den technischen Maßstab als kaum realisierbar eingeschätzt.

Mit der steigenden Bedeutung, die insbesondere Enzyme, Aminosäuren und Zitronensäure für die Lebensmittelindustrie, Tierernährung bzw. Waschmittelindustrie gewinnen, entsteht die Frage ihrer Herstellung in großen Produktionseinheiten. Diese stimuliert die Bemühungen um eine kontinuierliche Betriebsweise. Unserer Meinung nach kann diese Entwicklung in Richtung einer Koppelsynthese mit der Biomassegewinnung verlaufen.

Diese Kombination bietet nicht nur neue Ausgangspunkte für eine Beherrschung der kontinuierlichen Produktsynthese. Sie wird bei steigenden Produktionsgrößen auch notwendig, da die zwangsläufig anfallende Zellmasse verwertet werden muß (siehe Abbildung 2).

Die Mehrzahl der heute technisch ausgeführten oder in Entwicklung befindlichen mikrobiologischen Prozesse, unter ihnen auch die Eiweißsynthesen, erfolgen unter Zuführung von molekularem Sauerstoff.

Prozeßbedingung		Produkt	Produktmenge pro Biomasseeinheit $\left[\frac{\text{g Produkt}}{\text{g Biomassetrockensubstanz}}\right]$
aerob	extrazellulär	Antibiotika (Penicillin)	0,05– 0,1
		Aminosäuren (Glutaminsäure)	max 10 –15
		Zitronensäure	10 –15
	intrazellulär	Lipide	max 0,6 – 0,7
		Poly-β-Hydroxy-Buttersäure	max 0,8
anaerob	extrazellulär	Aceton-Butanol	7 – 8
		Äthanol	etwa 35 –70

Abb. 2. Produktbildung pro Biomasseeinheit in diskontinuierlichen Prozessen

Es ist heute eine Grundtatsache der Technologie dieser Prozesse, daß für alle Fermentationen, denen wasserlösliche Rohstoffe zugrunde liegen, der produktivitätsbegrenzende Schritt der Übergang des Sauerstoffs aus der Gas- in die flüssige Phase ist. Ich darf Sie, Herr Leibnitz, an die Zeit erinnern, in der diese Auffassung durchaus nicht von allen akzeptiert wurde, und an die von Ihnen geleiteten Arbeiten zur Beweisführung und Durchsetzung. Heute ist der Zusammenhang zwischen Wachstumsgeschwindigkeit und Sauerstoffübergangsgeschwindigkeit bekannt:

$$\left(\frac{dc}{dt}\right)_V = a_X^{O_2}\left(\frac{dx}{dt}\right)_W$$

$$\left(\frac{dc}{dt}\right)_V = \left(\frac{dc}{dt}\right)_{G\to Fl} - \left(\frac{dc}{dt}\right)_S$$

$$\left(\frac{dc}{dt}\right)_{G\to Fl} = a_X^{O_2}\left(\frac{dx}{dt}\right)_W$$

Da in der Grenzschicht zwischen Flüssigkeit und Gas keine Reaktionen stattfinden, ist das bekannte Modell für einen physikalisch regierten Sauerstoffübergang gültig:

$$\left(\frac{dc}{dt}\right)_{G\to Fl} = k_L a\,(c^* - c).$$

Ansatzpunkte für die Aufklärung der spezifischen Einflüsse der Mikroorganismen in ihrer physikalischen Funktion als viskositätserhöhende Agentien sowie der Stoffwechselprodukte mit oberflächenaktiven Eigenschaften auf den Sauerstoffübergangskoeffizienten und die Grenzfläche liegen vor.

Als wichtigste Maßnahme für die Gewährleistung des erforderlichen Sauerstoffübergangs muß der mechanische Energieeintrag in die Fermentationsflüssigkeit angesehen werden. Er wird durch die konstruktiven Vorrichtungen des Fermentors bewirkt und stellt eine künstlich herbeigeführte Eigenschaft des Fermentationssystems dar.

Bei der Ausrüstung für aerobe mikrobiologische Prozesse entfallen in der Regel der größte Teil der Investkosten auf den Fermentor. Seine Betriebskosten nehmen nach den Rohstoffkosten meist die zweite Stelle in der Struktur der Selbstkosten des Produkts ein.

Typ	$(dc/dt)_{G\to Fl}$ [$kgm^{-3}\,h^{-1}$]
1	> 15
3	5–15
2	< 5.

Die Auswahl des richtigen Fermentorsystems ist deswegen von großer Bedeutung für die Ökonomie des Prozesses. Die gegenwärtig betriebenen Fermentoren lassen sich nach konstruktiven Gesichtspunkten in 3 Typen unterteilen (siehe Abbildung 3). Diese Unterteilung bietet zugleich eine Einschätzung der Bereiche der möglichen Sauerstoffübertragungsleistungen.

Zur Auswahl des geeignetsten Typs können direkte und indirekte ökonomische Faktoren herangezogen werden. Der durch den Fermentor bedingte Selbstkostenanteil ist im wesentlichen von drei Faktoren abhängig:

$$\mathrm{SSK} = \mathrm{f}\left(\mathrm{E_{sp}};\ \frac{1}{\dot{\mathrm{x}}};\ \frac{1}{\mathrm{V_{eff}}}\right).$$

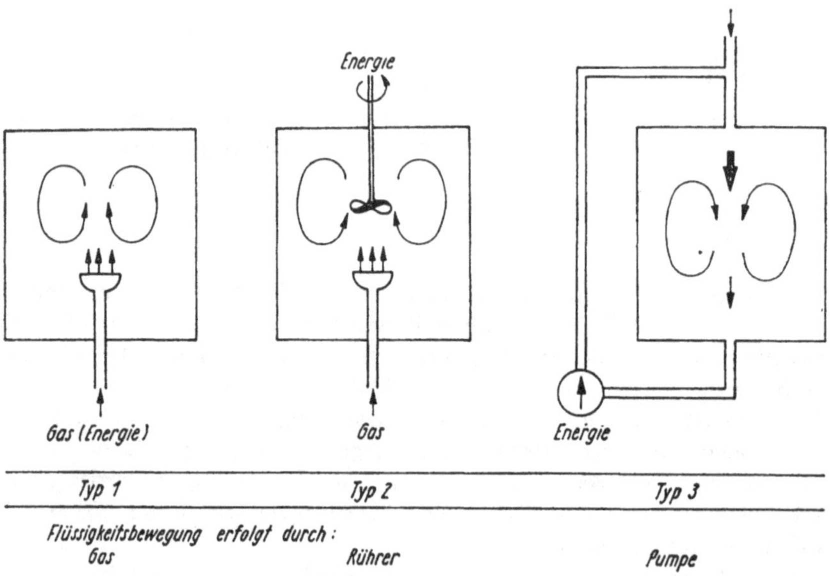

Abb. 3

Da die drei Größen sich auch untereinander beeinflussen, gibt es für jeden Fermentor einen optimalen Betriebspunkt (siehe Abbildung 4).

Außerdem müssen technische Faktoren berücksichtigt werden, die sich ökonomisch auswirken.

Unter ihnen sind Störanfälligkeiten des Systems im Dauerbetrieb, statische Eigenschaften und Einfachheit der Konstruktion zu nennen.

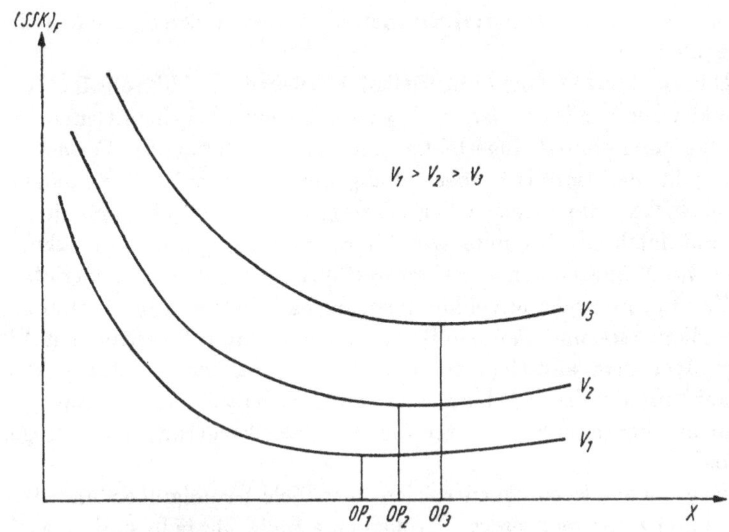

Abb. 4. Abhängigkeit des spezifischen Selbstkostenanteils von Fermentorvolumen und Produktivität (schematisch)

Eine grobe Analyse zeigt, daß für wenig intensive Prozesse Reaktoren des Typs 1 und 3, für intensive Prozesse aber nur Reaktoren des Typs 3 infrage kommen.

	Möglichkeit für		
	Typ 1	Typ 2	Typ 3
Hohe Produktivität	−	+	+
Niedriger Energiebedarf	+	+	+
Großes Volumen	+	−	+
Wenig störanfällig	+	−	+
Statisch beherrschbar	+	+	+
Einfach	+	−	+

In den letzten Jahren sind die von einem Teil der Fachleute lange gehegten Zweifel beseitigt worden, ob die Automatisierung mikrobiologischer Prozesse und insbesondere die der kontinuierlichen Prozesse zur mikrobiellen Eiweißsynthese notwendig ist.

Unser verehrter Jubilar sagte schon 1962 in der Schlußsitzung des 2. Symposiums über kontinuierliche Kultivierung von Mikroorganismen in Prag: "... the following will be absolutely necessary for the future development of the continuous cultivation method: 1. Automatic control and measurement in biochemical equipment . . ."[2]

Aus den Untersuchungen von industriellen Prozessen der mikrobiellen Eiweißsynthese konnten wir feststellen, daß es zwar theoretisch keinen Grund für die Veränderung eines einmal eingestellten stationären Zustands des Fermentationsprozesses gibt, daß praktisch aber ständig Störgrößen auf das Fermentationssystem einwirken, die zu einer Veränderung in Richtung ökonomisch ungünstigerer und labilerer Zustände der Mikroorganismenpopulation führen. Bisher waren die Möglichkeiten einer Zurückführung auf den ursprünglichen stationären Zustand nur sehr unvollkommen, da die Meßwerte für bestimmte Größen, wie Biomasse- und Nährstoffkonzentrationen mit Verspätungen bis zu 10 h gegenüber dem aktuellen Betriebszustand eintrafen. In den letzten Jahren wurden mit der Entwicklung einer on-line-Analytik Voraussetzungen für eine Echtzeitverarbeitung mehrerer für die Prozeßsteuerung notwendiger Größen geschaffen.

Für die Steuerungsentscheidungen spielen aber viele Grundgrößen und daraus abgeleitete und zusammengesetzte Größen eine Rolle. Deshalb sind — auch bei uns — schon erste Beispiele der Zusammenschaltung von Meßtechnik und Rechenmaschine geschaffen worden, die einige Steuerungsentscheidungen schon automatisch vorzunehmen gestatten.

So sehr der Fermentationsprozeß als der ökonomisch wesentlichste, technisch vielschichtigste und wissenschaftlich ergiebigste Schritt mikrobiologischer Produktionsprozesse erscheint, so wenig können jedoch die vor- und nachgelagerten Schritte im geschlossenen Produktionsprozeß sowie die Anschlüsse an vor- und nachgelagerte Produktionen und Versorgungssysteme außer acht gelassen werden.

Heute besteht noch allgemein die Auffassung, daß die dem Fermentationsprozeß folgenden Schritte der Aufarbeitung der Produkte weniger spezifisch sind und mit den Mitteln der chemischen Technologie ökonomisch durchgeführt werden können. Diese Auffassung legt jedoch insbesondere bei den Mikroorganismen nur ihre physikalischen Eigenschaften als feste Partikel zugrunde. Die begonnenen Untersuchungen zur chemischen Wechselwirkung der Mikroorganismenoberflächen untereinander sowie mit anderen suspendierten oder gelösten Stoffen können zu neuen Methoden ihrer Abtrennung führen.

Am Beispiel der Eiweißsynthese aus unkonventionellen Rohstoffen wird deutlich, daß das technologische Grundschema mehr Anschlußstellen an vor-

---

[2] Leibnitz, E. in: Malek, J.; Beran, K.; Hospodka, J., „Continuous Cultivation of Microorganismus". Proceedings of the 2nd Symposium held in Prague June 18—23, 1962; Publ. House of the Czechoslovak Academy of Sciences Prague, 1964.

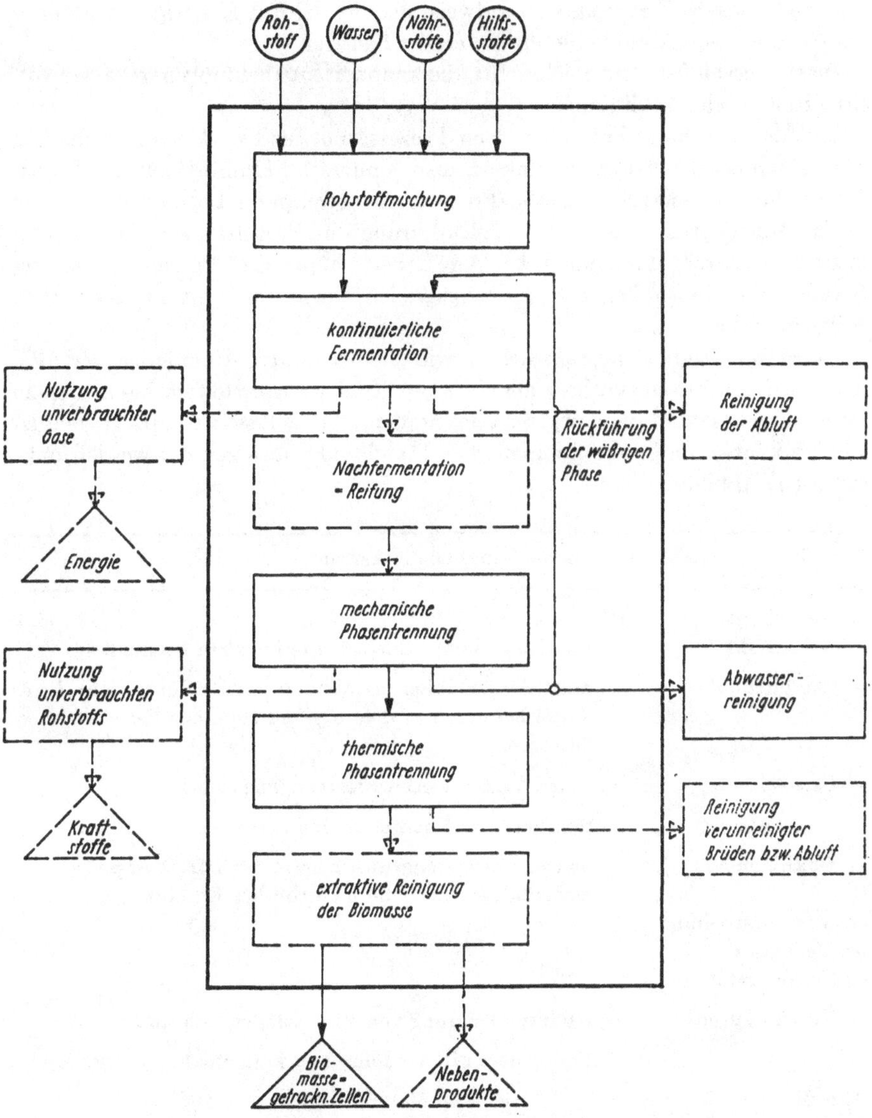

Abb. 5. Vervollkommnetes technologisches Grundschema der Futterhefeproduktion aus unkonventionellen Rohstoffen

und nachgelagerte Produktionen aufweist als das bei den bisherigen Verfahren auf der Basis von Abfallkohlenhydraten der Fall war.

Diese Anschlußstellen spielen für die Standortentscheidungen eine wesentliche Rolle (siehe Abbildung 5).

Die für fast alle mikrobiologischen Prozesse notwendige Abwasserreinigung stellt einen erheblichen Kostenfaktor, insbesondere im Hinblick auf die Investkosten dar. Da mikrobiologische Prozesse in verdünnten Lösungen ablaufen, ist für Massenproduktionen eine Rückführung des Prozeßwassers in den Fermentationsprozeß unumgänglich. Die Beherrschung des Prozeßregimes der Fermentation bei hohen Rückführungsgraden wurde von uns in technischen Anlagen nachgewiesen.

Durch notwendige Prozeßschritte, wie die extraktive Reinigung der Biomasse bei der Eiweißsynthese aus flüssigen Kohlenwasserstoffen, kommt es zu einem Zwangsanfall von organischen Stoffen, die volkswirtschaftlich genutzt werden können und vom ökonomischen Standpunkt auch genutzt werden müssen (siehe Abbildung 6).

Produkt	Verwendungsmöglichkeiten
aus dem Extrakt:	
– Rohextrakt	Emulgator in verschiedenen technischen Produkten
– Phosphatide	Korrosionsinhibitor in Mineral- und Schmierölen; Hilfsmittel bei der Aufarbeitung von Hefe aus Fermentationslösungen
– Fettsäuren	Entschäumer in Abwasserreinigungsanlagen
– Ergosterin	Synthese von Vitamin D_2 und Steroiden
– Ubichinon-45	breites Anwendungsspektrum in Medizin, Veterinärmedizin, tierischer und menschlicher Ernährung
aus der Aufarbeitung der Zellmasse zu Konzentraten:	
– Nucleinsäuren	Hydrophilisierung von Viskosefäden und -folien
	Emulgatoren in der Film- und kosmetischen Industrie

Abb. 6

In der Aufzählung sind einige der Hauptkomponenten sowie vorläufiges Anwendungsgebiet enthalten. Zweifellos birgt dieser Extrakt noch eine Reihe interessanter biologisch aktiver Stoffe, und es ist sicher nicht unberechtigt, wenn wir in Analogie zu einer hervorragenden historischen Entwicklung diesen Extrakt manchmal als den „Teer der Eiweißchemie“ bezeichnen.

Zunächst aber geht es darum, die Hauptkomponenten Verwendungen zuzuführen, die dem für uns heute ungewöhnlichen Anfall entsprechen, z. B. einige Tausend Tonnen Phosphatide und einige Tonnen Ubichinon aus einer einzigen Anlage zur Futtereiweißerzeugung.

Meine sehr verehrten Damen und Herren!

Ich habe mich bei meinen Ausführungen auf das Fundament wissenschaftlicher Forschungsarbeiten und Überführungen in die Produktion gestützt, die wir Mitte der Fünfziger Jahre unter Leitung von Eberhard Leibnitz begonnen haben und die uns heute einen Ausgangspunkt für die zukünftig stärkere volkswirtschaftliche Nutzung biologischer Prozesse bieten.

Es wäre noch sehr viel mehr zu berichten. So über die Anfänge der Entwicklung einer biochemischen Technologie, die durch die Arbeiten zur Herstellung und Anwendung fixierter Enzyme starke Impulse erfahren hat und von der erwartet werden kann, daß sie neben der mikrobiologischen Technologie das zweite Teilgebiet der Biotechnologie wird. So auch über die Möglichkeiten einer Wiederbelebung der anaeroben Prozesse zur Herstellung sauerstoffarmer organischer Grundstoffe aus recenten Kohlenstoffquellen und über die Möglichkeiten einer technischen Nutzung bioelektrochemischer Prozesse.

Alle diese Möglichkeiten, die uns die naturwissenschaftliche Forschung für die Nutzung biologischer Prozesse eröffnet hat und neu eröffnet, treffen auf eine noch sehr geringe technologische Erfahrung und einen in dieser Richtung noch nicht genügend entwickelten Anlagen-, Apparate- und Gerätebau. Es ist deshalb eine wichtige Aufgabe, die technologische Grundlagenforschung zu biologischen Prozessen durch die enge Verbindung von Forschungslabor, Konstruktionsbüro, Versuchsanlage und Industrieproduktion zu verbreitern und das Wissenschaftsgebiet der Biotechnologie durch die Wechselwirkung von Wissenschaft und Praxis weiter herauszuarbeiten.

Lassen Sie mich schließen, meine sehr verehrten Damen und Herren, mit einer Feststellung, die Sie, Herr Professor Leibnitz, in der Allgemeinen Diskussion zum Symposium über kontinuierliche Kultivierung von Mikroorganismen bei der Tschechoslowakischen Akademie der Wissenschaften trafen. Sie ist für uns als Ihre Schüler eine Richtschnur in unserer Arbeit. Wir geben sie auch an unseren Nachwuchs weiter, weil sie für die Biotechnik ausgesprochen wurde und für die wissenschaftliche Bearbeitung der Technologie grundsätzliche Bedeutung hat:

„Praktische Erfahrung, sogar mit empirischem Charakter, ist immer noch die beste Methode, um zu prüfen, ob die wissenschaftliche Arbeit die richtigen Ziele hat.“[2]

Zeichenerklärung

a	Größe der Phasengrenzfläche
c	Konzentration des gelösten Sauerstoffs
c^*	Sättigungskonzentration des gelösten Sauerstoffs
k_L	Sauerstoffübergangskoeffizient
p	Konzentration der Produkte
s	Konzentration der Reaktanden
s_0	Anfangskonzentration des Kohlenstoffrohstoffs
t	Zeit
x	Konzentration der Mikroorganismen
$\dot{x}$	Produktivität des Fermentationssystems
x_0	Anfangskonzentration der Biomasse
A	Abfluß
D	Verdünnungsgeschwindigkeit
E_{sp}	spez. Energieeintrag, bezogen auf die Einheit der erzeugten Biomasse bzw. auf die Einheit des übertragenen Sauerstoffs
Fl	Flüssigkeit
G	Gas
K_s	substratbezogene Konstante der Michaelis-Menten-Gleichg.
$P_{syst.}$	Systemdruck
Q	Wärme
S	Sättigung
SSK	spezifische Selbstkosten
T	Temperatur
V	Verbrauch
V_{eff}	effektives Volumen eines Fermentorsystems
W	Wachstum
Z	Zufluß
α	spezifischer Rohstoffverbrauch bzw. Ausbeute (Indices zeigen die jeweilige Zuordnung an)
μ	Wachstumsgeschwindigkeitskonstante
μ_{max}	maximale Wachstumsgeschwindigkeitskonstante
∇_{limit}	Frequenz des Wechsels limitierender Komponenten

[2] Leibnitz, E. in: Malek, J.; Beran, K.; Hospodka, J., „Continuous Cultivation of Microorganismus“. Proceedings of the 2nd Symposium held in Prague June 18—23, 1962; Publ. House of the Czechoslovak Academy of Sciences Prague, 1964.

Klaus Wehner

N-Alkyl-ε-caprolactame — als neue selektive Extraktionsmittel für technische Stofftrennprozesse

In meinen Ausführungen möchte ich Sie mit Ergebnissen einer petrolchemischen Grundlagenforschungsrichtung des Leuna-Werkes bekannt machen. Es handelt sich um Untersuchungen zur Entwicklung dringend benötigter neuer Selektivlösungsmittel, die bekanntlich in technischen Stofftrennprozessen eine zunehmende Rolle spielen und die technologische Gestaltung sowie die Ökonomie dieser Verfahren oft entscheidend beeinflussen.

Ich möchte zunächst Ihre Aufmerksamkeit auf eine Reihe von Untersuchungen lenken, die Anfang der 60er Jahre gemeinsam mit dem ehemaligen Leipziger Institut für Kohlewertstoff-Forschung durchgeführt wurden. Unter Anwendung des in Leuna in technischem Maßstab anfallenden Monomethylformamids wurde der unter dem Namen „Mofex-Verfahren" bekannt gewordene Prozeß zur Isolierung von aromatischen Kohlenwasserstoffen insbesondere durch die Herren Smeykal und Köthnig aus Leuna [1] und Leibnitz/Steib/Könnecke [2] aus Leipzig bearbeitet. Wenn es trotz günstiger Versuchsergebnisse in einer halbtechnischen Anlage nicht zu einer industriellen Realisierung dieses Verfahrens kam, so hatte dies im wesentlichen zwei Gründe, und zwar

1. Der ursprünglich für die individuelle Gewinnung von Benzol oder Xylol konzipierte Prozeß mußte kurzfristig auf Grund veränderter Bedarfsentwicklungen auf die gemeinsame Isolierung von Benzol, Toluol und Xylol umgestellt werden. Diese Forderungen konnte das Mofex-Verfahren nur mit Einschränkungen erfüllen.

2. Auf Grund gestiegener Qualitätsanforderungen an die BTX-Aromaten war die Verwendung von wasserhaltigem Monomethylformamid unumgänglich. Das führte aber zu einer starken Korrosionsgefährdung der Anlage, die nur durch Verwendung von Edelstahlapparaturen zu beherrschen war. Dadurch trat eine wesentliche Verteuerung der Anlagen auf.

Da weiterhin festgestellt werden mußte, daß auch in den anderen RGW-Ländern kein ökonomisches Verfahren zur Verfügung stand, mußte die erste technische Anlage der DDR zur Flüssig-Extraktion aus dem kapitalistischen Ausland importiert werden. Sie arbeitet seit Ende der 60er Jahre im PCK Schwedt. Vor der gleichen Konsequenz standen in den Folgejahren eine Reihe weiterer RGW-Staaten. Deshalb war es nicht verwunderlich, daß dieser Problematik in den Forschungsprogrammen des RGW eine steigende Bedeutung zuerkannt wurde, zumal der Bedarf an BTX-Aromaten in allen diesen Ländern bedeutend anstieg und auch weiterhin ansteigen wird.

Nach Abschluß unserer wesentlichsten Forschungsarbeiten auf dem Gebiete der n-Paraffinisolierung und der darauf gegründeten und realisierten Entwicklung des Parex-Verfahrens konnten wir uns in Leuna erneut den Problemen der Aromatengewinnung zuwenden. Aufbauend auf Forschungsergebnissen der Mofex-Entwicklung war bereits von Smeykal und Mahler Mitte der 60er Jahre versucht worden, das Korrosionsverhalten des Extraktionsmittels Monomethylformamid durch chemische Veränderung herabzusetzen. Da offensichtlich der am Stickstoffatom direkt gebundene Wasserstoff der Formamidgruppierung für das Korrosionsverhalten verantwortlich ist, sollte durch Cyanäthylierung bzw. Hydroxyäthylierung des Amidwasserstoffs der gewünschte Effekt erreicht werden. Diese Versuche verliefen negativ, da die entsprechenden Derivate sich als nicht genügend beständig erwiesen und bei Temperaturen von wenig über 100 °C bereits einer deutlichen hydrolytischen Spaltung unterworfen waren.

Das Problem der Blockierung des Amidwasserstoffs wurde von uns deshalb in anderer Richtung angegangen, und zwar durch eine quasi intramolekulare Abschirmung beim Übergang zu Lactamverbindungen.

Zum besseren Verständnis möchte ich an dieser Stelle einige Bemerkungen zur Charakterisierung von Selektivlösungsmitteln einschieben.

In der Vergangenheit stand zweifellos bei vergleichenden Betrachtungen die sogenannte „Selektivität", d. h. das Verhältnis der realen Löslichkeiten der zu trennenden Substanzen, im Vordergrund. Daneben wurde in ständig zunehmendem Maße der sogenannten Kapazität oder des Lösevermögens des Extraktionsmittels für das Zielprodukt eine steigende Bedeutung zuerkannt. Entsprechende Aussagen konnten jedoch nur durch experimentell sehr aufwendige Vermessungen der Löslichkeitsverhältnisse polynärer Stoffsysteme erhalten werden. Durch die Einführung gaschromatographischer Bestimmungsmöglichkeiten selektiver Wechselwirkungen, insbesondere durch Arbeiten von Döring [3], Deal und Derr [4] sowie Voetter und Kosters [5], war es zwischenzeitlich möglich geworden, durch Vermessung der entsprechenden Grenzaktivitätskoeffizienten γ° mit relativ geringem experimentellem Aufwand vergleichende Aussagen zu erhalten. Hierdurch war die Testung einer großen Palette möglicher Selektivlösungsmittel real geworden. Dabei spielt die methodenbedingte Einschränkung auf die Grenzbedingung „unendliche Verdünnung" eine zwar bemerkenswerte, aber keinesfalls einschränkende Rolle.

In Abbildung 1 sind unsere Meßwerte für die Kapazität $1/\gamma^\circ$ und die Selektivität β im Modellsystem n-Hexan/Benzol für eine homologe Reihe von Lactamverbindungen wiedergegeben.

Lactamverbindungen $(CH_2)_n$ ⌐C=R, ∟N–O	Summenformel	Struktur n	Struktur R	γ° Benzol 30 °C	γ° Benzol 50 °C	γ° Benzol 60 °C	$\beta^\circ = \frac{\gamma^\circ \text{ n-Hexan}}{1/\gamma^\circ \text{ Benzol}}$ 30 °C	50 °C	60 °C
Pyrrolidon-(2)	C_4H_7NO	3	H	–	0,28	0,30	–	13,5	12,9
Piperidon-(2)	C_5H_9NO	4	H	–	0,43	0,45	–	11,2	10,5
ε-Caprolactam	$C_6H_{11}NO$	5	H	–	0,66[1]	0,68[2]	–	7,4[1]	6,1[2]
N-Methylpyrrolidon-(2)	C_5H_9NO	3	CH_3	0,68	0,75	0,78	12,0	10,2	9,1
N-Methylpiperidon-(2)	$C_6H_{11}NO$	4	CH_3	0,76	0,81	0,85	10,2	8,7	7,8
N-Methyl-ε-caprolactam	$C_7H_{13}NO$	5	CH_3	0,86	0,93	0,96	8,8	7,5	6,8
N-Äthyl-ε-caprolactam	$C_8H_{15}NO$	5	C_2H_5	0,96	1,04	1,06	7,1	6,2	5,7
N-Propyl-ε-caprolactam	$C_9H_{17}NO$	5	C_3H_7	1,02	1,09	1,14	5,8	5,0	4,6
N-Butyl-ε-caprolactam	$C_{10}H_{19}NO$	5	C_4H_9	1,08	1,14	1,19	4,7	4,1	3,7
N-Methylönanthlactam	$C_8H_{15}NO$	6	CH_3	0,97	1,04	1,08	7,6	6,5	5,9
N-Methylcapryllactam	$C_9H_{17}NO$	7	CH_3	1,05	1,12	1,16	6,8	5,9	5,5

Abb. 1. Lösefähigkeit und Selektivität von Lactamverbindungen gegenüber n-Hexan und Benzol (aus gaschromatographischen Messungen) [1])bei 80 °C [2]) bei 100 °C

Aus den Meßwerten lassen sich zunächst zwei Schlußfolgerungen ziehen, und zwar

1. Mit steigender C-Zahl des Lactamringes steigt die Kapazität entsprechender Verbindungen bei gleichzeitig sinkender Selektivität.

2. Eine Stickstoffalkylierung des Lactamringes führt in Abhängigkeit von der C-Zahl der Alkylierungskomponente bei nur geringem Absinken der Selektivität zu einer bedeutenden Erhöhung der Kapazität.

Damit war zunächst bewiesen, daß die Gesamtreihe der untersuchten Lactame über selektive Wechselwirkungen im System Benzol/Hexan verfügt. Es war nun interessant, analoge Daten von industriell verwendeten Selektivlösungsmitteln zu bestimmen und mit den vorliegenden Meßwerten zu vergleichen. Hierfür sahen wir als aussagekräftige Kenngrößen das Produkt aus Selektivität und Kapazität an. Durch Einführung dieser Kenngröße ω° wird einerseits die Bedeutung der Selektivität für die notwendige Trennstufenzahl eines technischen Vielstufenextraktors und andererseits die Abhängigkeit eines ökonomisch bedeutsamen Prozeßparameters, nämlich das Verhältnis des Extraktionsmittels zu Einsatzprodukt durch das Einbeziehen der Kapazitätswerte berücksichtigt. In Abbildung 2 ist eine solche vergleichende Betrachtung für das Modellsystem Benzol/Hexan wiedergegeben.

Lösungsmittel	Lösefähigkeit $\frac{1}{\gamma^\circ \text{ Benzol}}$	Selektivität $\beta^\circ = \frac{\gamma^\circ \text{ n-Hexan}}{\gamma^\circ \text{ Benzol}}$	$\omega^\circ = \beta^\circ \cdot \frac{1}{\gamma^\circ}$
Äthylenglykol	0,044	13,7	0,6
Diäthylenglykol	0,16	10,2	1,6
Triäthylenglykol	0,23	9,5	2,2
Tetraäthylenglykol	0,35	9,3	3,3
Sulfolan	0,42	20,0	8,4
DMSO	0,31	12,2	3,8
Propylenkarbonat	0,33	9,5	3,1
N-Methyl-pyrrolidon-(2)	0,78	9,1	7,1
N-Methyl-ε-caprolactam	0,96	6,8	6,5

Abb. 2. Lösefähigkeit, Selektivität und ω°-Werte für das System n-Hexan/Benzol bei 60 °C

Als repräsentative Verbindung aus der Klasse der N-alkylierten Lactame verwendeten wir das N-Methyl-ε-caprolactam, und zwar zunächst wegen seiner leichten Zugänglichkeit und überraschend hohen Stabilität. In Abbildung 2 ist zu erkennen, daß bei den untersuchten Extraktionsmitteln zwischen zwei grundverschiedenen Lösungsmitteltypen unterschieden werden muß. Die einen zeichnen sich durch einen bevorzugten Anteil selektiver Wirkung aus und sind dabei gleichzeitig durch eine relativ geringe Kapazität gekennzeichnet. Die zweite Gruppe verdankt ihre hohen ω°-Werte im wesentlichen ihrer hohen Kapazität bei hinreichender Selektivität. Das N-Methyl-ε-caprolactam ist der letzteren Gruppe zuzuordnen und läßt auf Grund seiner günstigen ω°-Werte gute Voraussetzungen für einen technischen Einsatz erkennen.

Die bisher ableitbaren Schlußfolgerungen basieren auf Ergebnissen von experimentellen Untersuchungen des Modellsystems Benzol/Hexan/Extraktionsmittel. Berücksichtigt man jedoch die in der Praxis anzutreffenden realen Bedingungen, d. h., betrachtet man die Wechselwirkungen zwischen Extraktionsmittel und den tatsächlich vorhandenen Vielstoffgemischen, so wird offensichtlich, daß solche Modellbetrachtungen nur zu begrenzten Aussagen führen können. Es war deshalb notwendig, diese Modelluntersuchungen zu erweitern, und zwar unter Einbeziehung homologer Paraffine und Alkylaromaten. Insbesondere bestand die nächste Aufgabe in der Erfassung der Molekulargewichts-Abhängigkeit der ω°-Werte, wobei wiederum die unterschiedlichen Wechselwirkungen im System homologer Aromaten im Vordergrund standen. In Abbildung 3 sind diese Verhältnisse für verschiedene Extraktionsmittel erfaßt.

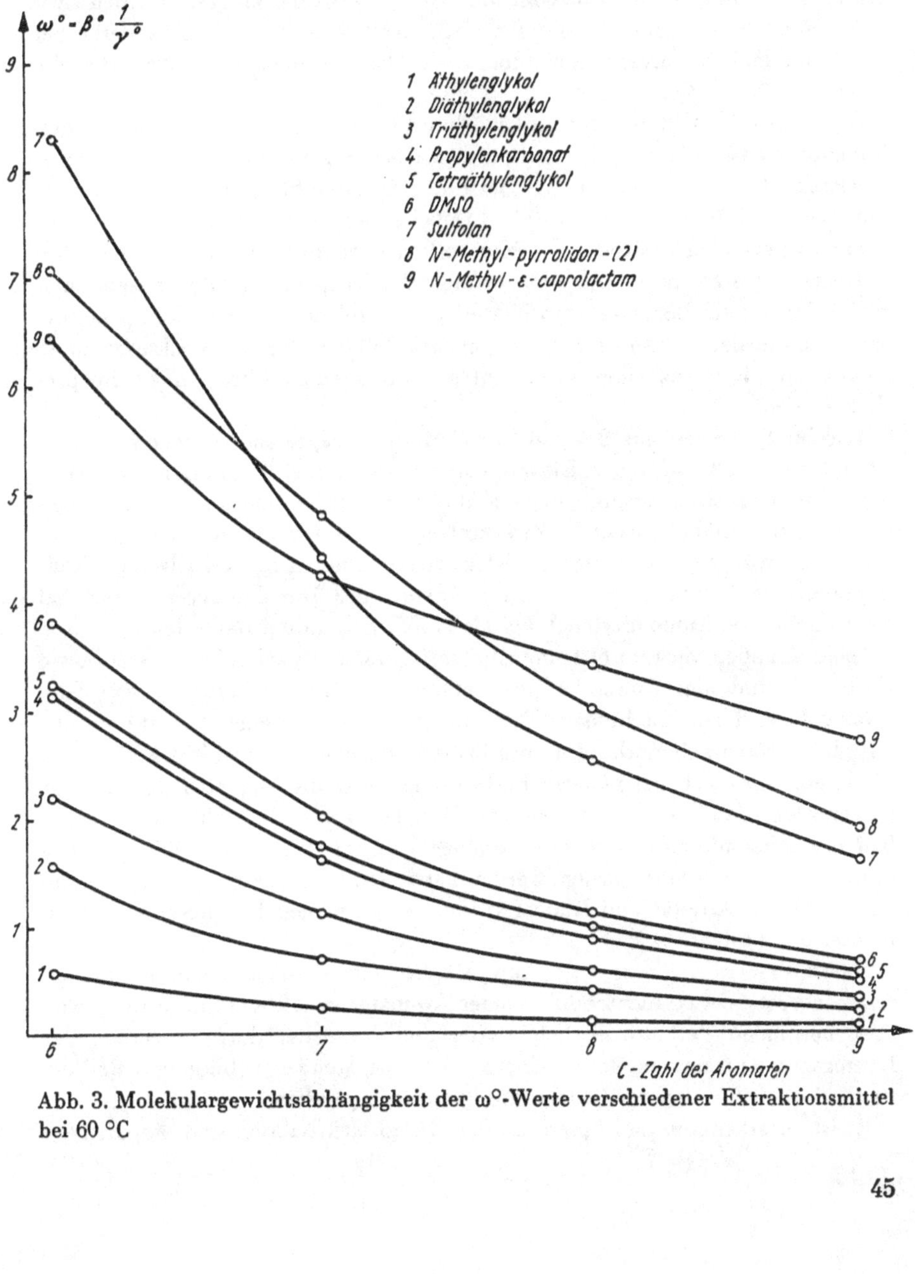

Abb. 3. Molekulargewichtsabhängigkeit der ω°-Werte verschiedener Extraktionsmittel bei 60 °C

Der Verlauf der ω°-Werte für N-Methyl-ε-caprolactam kommt dabei dem Idealverhalten eines Extraktionsmittels für die gleichzeitige Gewinnung von BTX-Aromaten ziemlich nahe. Das drückt sich in einem minimalen Gradienten der ω°-Werte in Abhängigkeit vom Molekulargewicht der zu gewinnenden Aromaten aus. Das bedeutet für eine technische Anlage relativ hohe Ausbeuten bei den technologisch vorgegebenen konstanten Extraktionsbedingungen für alle Aromaten des BTX-Bereiches.

Der nächste Schritt unserer Untersuchung über selektive Wechselwirkungen N-alkylierter Caprolactame bestand in dem Übergang zu realen Konzentrationsbereichen, d. h. es mußte zur Vermessung polynärer Stoffsysteme im Flüssig-Flüssig-Bereich übergegangen werden. Dabei schien es zunächst so, daß alle bis dahin vorliegenden positiven experimentellen Ergebnisse ohne technische Verwertbarkeit wären, da in den untersuchten Bereichen eine totale Phasenhomogenität im System Benzol/Hexan/N-Methyl-ε-caprolactam vorlag. Damit konnte der Grundforderung an bisher verwendete Flüssig-Flüssig-Extraktionsmittel, nämlich der Existenz eines sogenannten „Aromatenbereiches“, nicht entsprochen werden.

Wie im folgenden am Beispiel des N-Methyl-ε-caprolactams jedoch gezeigt werden kann, läßt sich durch Einsatz von sogenannten Hilfslösungsmitteln auch bei Substanzen ohne Aromatenbereich die erforderliche Mischungslücke in weiten Grenzen variabel einstellen. Zweckmäßigerweise werden hierfür solche Substanzen verwendet, die ein eigenes Selektivitätsverhalten für das jeweilige Stofftrennproblem besitzen. In Abbildung 4 wird der Binodalkurvenverlauf bei Anwendung von Monoäthylenglykol als Hilfslösungsmittel dargestellt.

Gleichermaßen verwendbar sind andere Glykole, Glykolamin, Wasser sowie Hydroxyl- und/oder Amino-Gruppen enthaltende andere kettenförmige Substanzen bzw. deren Mischungen. Der scheinbare Nachteil eines Extraktionsmittels ohne Aromatenbereich, also nach bisheriger Definition als nicht geeignet zu bewerten, kehrt sich bei näherer Betrachtung sogar ins Gegenteil um. Es war zu erwarten, daß bei Verwendung von Hilfslösungsmitteln nicht nur der Verlauf der Binodalkurven bzw. der Konoden in Abhängigkeit von der Lösungsmittelzusammensetzung variiert werden kann, sondern eine ebensolche Abhängigkeit der Selektivität und Kapazität von der jeweiligen Lösungsmittelzusammensetzung besteht.

Damit wäre aber die sehr gesuchte Möglichkeit gegeben, für wechselnd zusammengesetzte Ausgangsprodukte einer Aromatenextraktionsanlage die jeweiligen optimalen Verhältnisse Selektivität und Kapazität durch Variation der Lösungsmittelzusammensetzung einzustellen. In folgender Abbildung 5 sind die Ergebnisse entsprechender Untersuchungen wiedergegeben.

Es ist zu erkennen, daß innerhalb der Grundselektivitäten und -kapazitäten der beiden Lösungsmittelkomponenten die jeweils gewünschten Selektivitäts- oder Kapazitätswerte eingestellt werden können. In Abbildung 6 sind eine Reihe von Stoffwerten des Extraktionsmittels N-Methyl-ε-caprolactam als Repräsentant der Klasse der N-alkylierten Caprolactame wiedergegeben.

Die Werte lassen gut erkennen, daß den wesentlichsten Forderungen, die an technisch relevante Extraktionsmittel gestellt werden, entsprochen wird. Besonders verwiesen sei weiterhin auf die überraschend gute Thermostabilität des N-Methyl-ε-caprolactams und eine bereits in der Literatur durch Hall und Benson [6, 7] beschriebene Hydrolysestabilität in neutralen Bereichen hingewiesen. Durch japanische [8] und sowjetische Autoren [9] wurde festgestellt, daß im Vergleich zu ε-Caprolactam durch eine Stickstoffalkylierung die Polymerisationsfähigkeit dieser Substanzen extrem abgesenkt wird.

Aus vorgenannten Faktoren ließ sich nun eine gute Korrosionsstabilität für N-alkylierte Caprolactame erwarten, was bekanntlich eine wesentliche Voraussetzung für den technischen Einsatz eines Extraktionsmittels darstellt. In Ab-

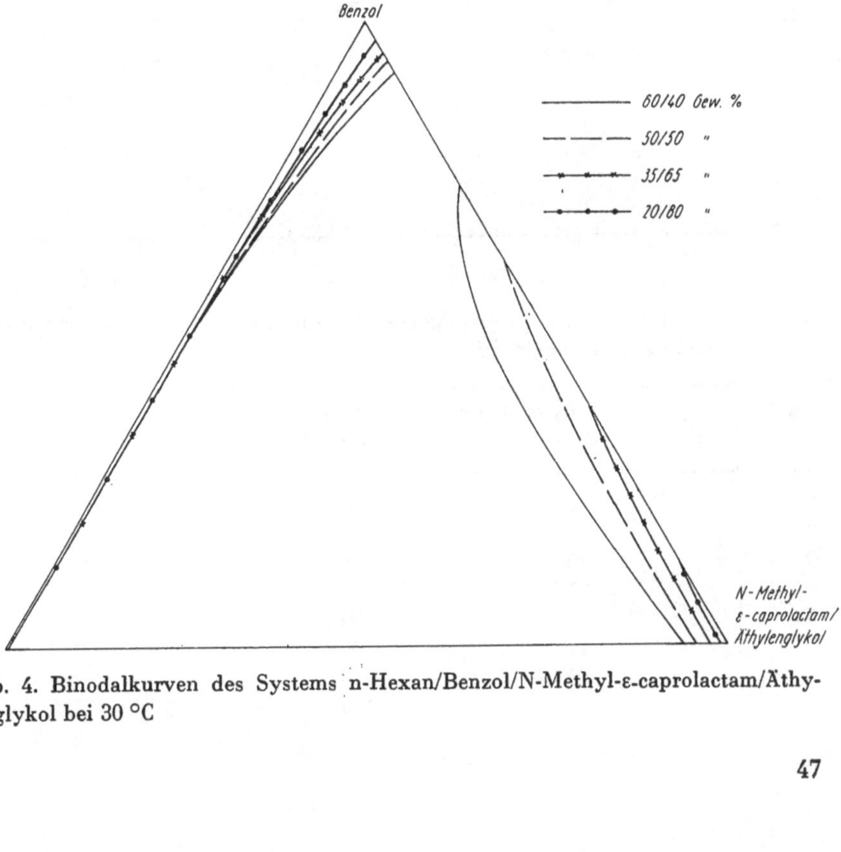

Abb. 4. Binodalkurven des Systems n-Hexan/Benzol/N-Methyl-ε-caprolactam/Äthylenglykol bei 30 °C

bildung 7 sind entsprechende experimentelle Untersuchungsergebnisse vergleichend dargestellt.

Das N-Methyl-ε-caprolactam zeichnet sich in diesen standardisierten Vergleichsmessungen tatsächlich durch eine extrem geringe Korrosionswirkung aus

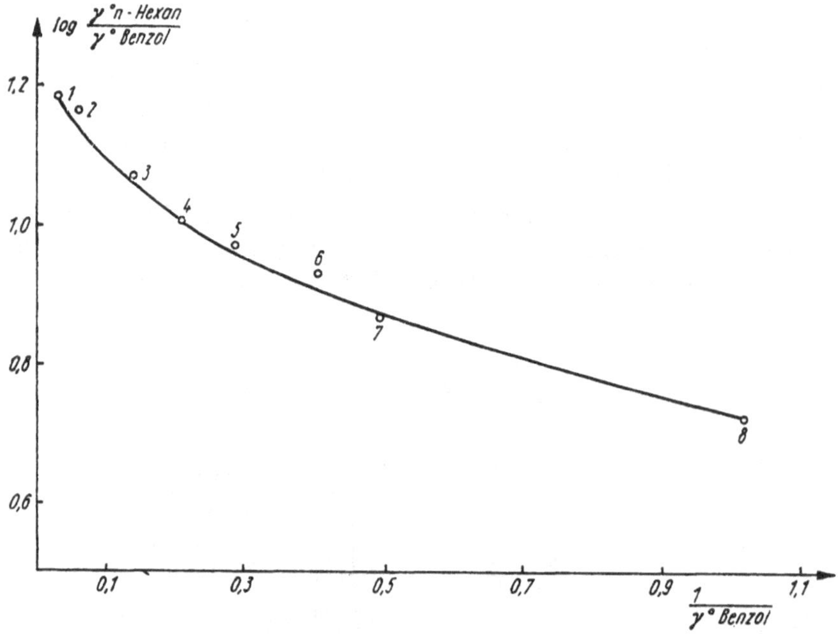

Abb. 5. Selektivitäten und Lösefähigkeiten verschiedener N-Methyl-ε-caprolactam/Äthylenglykol-Gemische bei 60 °C

Punkt	Äthylenglykol Gew.%	N-Methyl-ε-caprolactam Gew.%
1	100	–
2	90	10
3	70	30
4	60	40
5	50	50
6	40	60
7	30	70
8		100

und ist den Konkurrenzextraktionsmitteln auf diesem Gebiete deutlich überlegen.

Von besonderem Interesse bei der Entwicklung von Selektivlösungsmitteln ist deren technische Herstellbarkeit. Im Falle des N-Methyl-ε-caprolactams konnte gezeigt werden, daß durch direkte Umsetzung von technisch zugäng-

Kenngröße	Zahlenwerte
Siedepunkt	235,8 °C/760 Torr; 105—106 °C/10 Torr
Schmelzpunkt	6,5—6,7 °C
Dichte	1,0134 g/cm³ (bei 20 °C)
Brechungsindex	1,4839 (bei 20 °C)
Viskosität	2,28 cSt (bei 60 °C)
Wärmeleitfähigkeit	$3{,}64 \cdot 10^{-4}$ cal/cm · sec · grad (bei 25 °C)
Oberflächenspannung	39,1 dyn/cm (bei 20 °C)
Dielektrizitätskonstante	30,2
Dipolmoment	4,23 D (in Benzol bei 25 °C)
Flammpunkt	98 °C
Verdampfungswärme	13,562 kcal/Mol (bei 20 °C)
spezifische Wärme	59,26 cal/Mol · grad (bei 20 °C)
Mischbarkeit mit Wasser	∞

Abb. 6. Stoffwerte des N-Methyl-ε-caprolactams

Probelösung	Angriff (mm/a)	Bemerkungen
N-Methyl-ε-caprolactam/ 25 Vol.-% Wasser	0,01—0,06	leichte punktförmige Korrosion
Sulfolan/ 20 Vol.-% Wasser	0,21	schwarze Deckschicht, Flächenangriff
N-Methylpyrrolidon-(2)/ 25 Vol.-% Wasser	0,32	starker Flächenangriff
Dimethylformamid/ 15 Vol.-% Wasser	0,38	starker Flächenangriff
Dimethylsulfoxid/ 10 Vol.-% Wasser	0,77	starker narbiger Angriff und Flächenangriff
Monomethylformamid/ 10 Vol.-% Wasser	2,11	Flächenangriff und starke narbige Korrosion

Abb. 7. Korrosionsverhalten verschiedener wäßriger Lösungsmittelsysteme gegenüber Kohlenstoffstahl (C 15) bei 100 °C

lichem Caprolactam mit Dialkyläthern bzw. Alkoholen in der Gasphase, und zwar in Gegenwart eines dehydratisierenden Katalysators das gewünschte Zielprodukt in hohen Ausbeuten zu erhalten [10]. Damit konnte ein weiteres Hindernis bei der Entwicklung eines technisch verfügbaren Extraktionsmittels überwunden werden.

Nach internationaler patentrechtlicher Sicherung der Lösungsmittelklasse N-Alkyl-caprolactame [11] für verschiedene Stofftrennprobleme bestanden in der DDR in Verbindung mit Kenntnissen auf dem Gebiete des Extraktorbaues beim Chemieanlagenbau sowie unter Zugrundelegung von Erfahrungen beim Betreiben einer großtechnischen Extraktionsanlage im PCK Schwedt günstige Voraussetzungen für die Entwicklung eines eigenen modernen und unabhängigen Prozesses. Diese Verfahrensentwicklung wurde im Rahmen einer Kooperationsgemeinschaft mit dem PCK Schwedt, dem VEB MAG Grimma und der IZ Böhlen durchgeführt und für den speziellen Anwendungsfall Pyrolysebenzin Böhlen erfolgreich abgeschlossen. Eine Produktionsanlage mit einer Kapazität von 180 kt/a wird zur Zeit vorbereitet und soll im Zeitraum 1977/78 im PCK Schwedt, Betriebsteil Böhlen, in Betrieb gehen. Durch die Verfahrensträgergemeinschaft wird über diesen speziellen Teil der Arbeiten in der nächsten Zeit ausführlich berichtet. Für die Bereitstellung der notwendigen Mengen an Extraktionsmittel N-Methyl-ε-caprolactam mußte im Leuna-Werk kurzfristig eine Einstufensynthese entwickelt werden. Eine entsprechende Anlage zur Herstellung dieses Extraktionsmittels im 100 t-Maßstab wurde 1974 errichtet und geht zur Zeit in Betrieb.

Ausdrücklich hervorzuheben ist für das Teilarbeitsgebiet Aromatengewinnung die Tatsache, daß auf Grund der Festlegung des RGW die Forschungsarbeiten in den Ländern koordiniert auf der Grundlage eines gemeinsamen Planes durchgeführt wurden. Das gilt besonders für die Zusammenarbeit mit der UdSSR, die im Rahmen eines gesonderten Vertrages erfolgte und die gegenseitige Zurverfügungstellung von Erkenntnissen, Erfahrungen und Forschungseinrichtungen bis hin zu Pilotanlagen bzw. halbtechnischen Anlagen vorsah. Es ist sicherlich überflüssig zu betonen, daß für die Entwicklung eines universell einsetzbaren Prozesses eine solche Vorgehensweise bedeutende Kapazitäts- und Zeitreserven erschließt.

So viel an dieser Stelle über das Teilproblem Aromatengewinnung. Es gilt für viele Extraktionsmittel, daß ihre unterschiedliche Wechselwirkung gegenüber einzelnen Verbindungstypen zu vielseitigen technischen Verwendungsmöglichkeiten führt. Diese Beobachtung trifft, durch zahlreiche experimentelle Arbeiten bewiesen, in hervorragendem Maße auf die Klasse der N-substituierten ε-Caprolactame zu. So erscheint aus heutiger Sicht der Einsatz dieser Verbindungstypen in folgenden weiteren Arbeitsrichtungen vorteilhaft:

1. Selektive Entfernung saurer Bestandteile, insbesondere von schwefelhaltigen Verbindungen, aus Erdgasen bzw. Industriegasen. [12]

2. Direkte Gewinnung von Styrol oder anderen Vinylaromaten aus Roh-Pyrolysefraktion. [13]

3. Trennung von Thiophen und Benzol aus Kokereiprodukten. [14]

4. Abtrennung und Speicherung von Acetylenen in niederen Druckbereichen. [15]

5. Absorption von Fluorkohlenwasserstoffen in Absorptionskältemaschinen. [16]

Es ist mir heute leider aus zeitlichen Gründen nicht möglich, auf hierzu vorliegendes experimentelles Material auch nur näherungsweise einzugehen. Es sollte mit diesem fragmentarischen Ausblick lediglich die Anwendungsbreite und vielfältige technische Einsatzmöglichkeit der Vertreter einer neuen Klasse selektiver Extraktionsmittel kurz charakterisiert werden. Zu gegebener Zeit wird hierüber ausführlich berichtet werden können.

Gestatten Sie mir, am Ende meiner Ausführungen einer Reihe von Mitarbeitern des Leuna-Werkes für ihren begeisterten und arbeitsaufwendigen Einsatz bei der Durchführung dieser Untersuchungen zu danken. Besonders genannt seien die Herren Doktoren Kisan, Esser, Moll, Steinbrecher, Burk, Rürup sowie die Herren Diplomchemiker Kunz und Großer.

Mein besonderer Dank gilt ferner Herrn Prof. Bittrich und seinen Mitarbeitern, die im Rahmen einer langjährigen vertraglichen Zusammenarbeit zwischen dem Leuna-Werk und der TH Leuna-Merseburg einen wesentlichen Beitrag bei der Erarbeitung physikalisch-chemischer Grundlagen für die Entwicklung des Aromatenextraktionsverfahrens geleistet haben. Die Wurzeln dieser Zusammenarbeit lassen sich zurückverfolgen bis in die Zeit einer gemeinsamen Tätigkeit im Leipziger Chemisch-technischen Institut der Karl-Marx-Universität. Sie erfolgte dort im Rahmen unserer Dissertationen, die unter Leitung unseres heutigen Jubilars standen. Einer Anfang der 50er Jahre noch kleinen Schar an Doktoranden folgten sehr bald zahlreiche junge Menschen nach, die heute in fast allen Bereichen der Chemie in verantwortlicher Tätigkeit anzutreffen sind. Stellvertretend für diese große Familie Ihrer Schüler möchte ich Ihnen, lieber Professor Leibnitz, nochmals unseren Dank entgegenbringen für Ihre aufopferungsvolle Tätigkeit bei der Ausbildung und Erziehung junger Menschen. Wenn heute eine engste Verflechtung von Wissenschaft und industrieller Praxis Maxime unseres Handelns ist, so verdanken wir dies letztlich Ihrer Tätigkeit als Hochschullehrer und Doktorvater.

Literatur

[1] Smeykal, K., und M. Köthnig: Chem. Techn. 13, 7/8, 403—412 (1961).

[2] Steib, H.: J. prakt. Chem. [4]30, 39—59 (1965).

[3] Döring, C. E.: Z. Chem. 1, 347—348 (1961).

[4] Deal, C. H., und E. L. Derr: Ind. Engng. Chem. Process Design Development 3,

[5] Voetter, H., und W. C. G. Kosters: Erdöl u. Kohle 19, 4, 267—271 (1966).

[6] Hall, H. K., M. K. Brandt und R. M. Mason: J. Amer. chem. Soc. 80, 6420—6427 (1968).

[7] Benson, R. E., und T. L. Cairns: J. Amer. chem. Soc. 70, 2115—2118 (1948).

[8] Yumoto, H., K. Ida und N. Ogata: Bull. chem. Soc. Japan 31, 249—252 (1958).

[9] Kezina, M. P., und S. M. Skuratov: Доклады академии наук СССР [Ber. Akad. Wiss. UdSSR] 127, 561—563 (1959).

[10] DL-PS 96 483 (12. 11. 1971/20. 3. 1973); VEB Leuna-Werke (Erfinder: K. Wehner, W. Kisan, K.-K. Moll, H.-J. Uebel, H.-J. Bisinger, K. Becker); DL-PX 84196 (25. 6. 1969/5. 9. 1971); VEB Leuna-Werke (Erfinder: K. Wehner, W. Kisan, G. Kunz); SU-PS 334 696; GB-PS 1 268 455; FR-PS 2 048 383; US-PS 3 661 894.

[11] DL-PS 79 488 (4. 6. 1969/5. 2. 1972); VEB Leuna-Werke (Erfinder: K. Wehner, W. Kisan, G. Esser, G. Kunz); SU-PS 345 668; HU-PS 162 996; GB-PS 1 221 902; US-PS 3 793 188.

[12] DL-PS 83 630 (4. 6. 1969/5. 8. 1971); VEB Leuna-Werke (Erfinder: K. Wehner, H. Grünert, W. Kisan, G. Esser, H. Knopel, D. Flad); RU-PS 54 830; GB-PS 1 224 160; FR-PS 2 030 558; US-PS 3 653 809.

[13] Patentanmeldung eingereicht, bisher unveröffentlicht.

[14] DL-PS 106 816 (23. 10. 1972/5. 7. 1974); VEB Leuna-Werke (Erfinder: K. Wehner, W. Kisan, G. Kunz).

[15] DL-PS 99 558 (11. 2. 1972/12. 4. 1974); VEB Leuna-Werke (Erfinder: W. Kisan, K. Wehner, G. Kunz).

[16] Patentanmeldung eingereicht, bisher unveröffentlicht.

FSC
www.fsc.org
MIX
Papier | Fördert gute Waldnutzung
FSC® C083411

Zeitfracht Medien GmbH
Ferdinand-Jühlke-Straße 7
99095 Erfurt, Deutschland
produktsicherheit@kolibri360.de